U0275315

人类历史上的

〔美〕琳达·卡洛夫———著   王安梦———译

动物映象

Looking at Animals in Human History

商务印书馆
The Commercial Press

Looking at Animals in Human History

by Linda Kalof was first published by Reaktion Books.

London, UK, 2007. Copyright @ Linda Kalof 2007.

Rights arranged through CA-Link International LLC

本书根据Reaktion Books Ltd. 2007年版译出

涵芬楼文化出品

骑着骏马的年轻骑手，青铜雕像，约公元前140年。
国家考古博物馆，雅典。

农夫用犁套着四头牛，《卢特雷尔诗篇》的装饰性底页，东盎格利亚，约1325—1335年。大英图书馆，伦敦。

幼狮正被雄狮的气息赋予生命，出自《动物寓言集》，约1270年。保罗·盖蒂博物馆，洛杉矶。

一只鬣狗啃食敞开的棺材里的尸体，出自《动物寓言集》，1200—1210
年。大英图书馆，伦敦。

拥挤的羊圈，出自《卢特雷尔诗篇》，东盎格鲁亚，约1325—1335年。
大英图书馆，伦敦。

猎犬正在挑衅一头被锁住的熊。出自《卢特雷尔诗篇》，
东盎格鲁，约1325—1335。大英博物馆，伦敦。

一只猿猴倒骑在山羊身上，意在表示赤裸裸的羞辱，出自
《时祷书》的插图，1310年。大英图书馆，伦敦。

长着蹄子和喇叭形鼻子的大象正在被骑士攻击，出自《塔尔博·舒兹伯利之书》
的插图，法国鲁昂，约1445年。大英图书馆，伦敦。

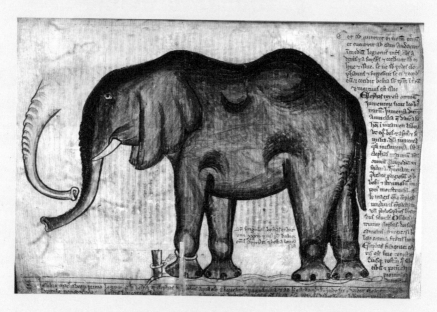

马修·帕里斯，伦敦塔上的亨利三世的大象写生素描，圣奥尔本斯
市，1250—1254年，大英博物馆，伦敦。

目　录

前　言

　　尝试完整把握事物的原貌，就如同一些专门领域中的深入研究
工作，看似徒劳，但自有它们的价值。[1]

　　尽管可能徒劳无功，但描绘出人类历史上的动物的完整图景，是我
一直以来努力的目标，而写作这本书也是为了填补这方面的空白。目前
还没有一部学术著作能够将人类历史上的动物的相关研究成果综合起
来，这些研究成果已经渗透在许多出人意料的学科范畴内，而且数量越
来越多。为此，我尝试着对"人类文化中对动物印象的表达"进行历史
性的、体系化的论述，并研究这些表达是如何随着社会文化的变迁而改
变的。

　　我使用"动物观察"这一概念，来描述动物在各种人类文化文本中
是如何被表现（再现）的，包括视觉影像上的和文字叙述上的。由于
"表现"的概念具有广泛的含义，这里说明一下我在书中提到的观察动
物的方式，包括：

　　描画、图示、画像、外观、外表、图标、图片、肖像画、绘画、素
描、雕刻、速写、摄影、快照、图像、映射、阴影、剪影、戏剧、谐仿
（恶搞）、模仿、演绎、人格化、心理形象、印象、概念、幻象、说明、
记述、阐述、详述、朗诵和展示。

在这么多年的研究过程中，我遇到了许多对我深有启发的文化表达，在这本书里都有提到。但正如约翰·伯格所说，人们看待事物的方式会受到自身知识和信仰的影响[2]，而我所关注的，也必然被我的背景与兴趣所限定。比如，有些动物会被用来指代特定的性别、种族、阶级，尤其是用来描述与传统社会价值观相悖的"耻辱"（对于女性来说，这些传统价值指的是性约束）。当呈现这些表达时，我的社会学家属性就占了上风。长久以来对影像的兴趣，驱使我花了大量的时间和资源去实地寻找那些曾经在历史故事中出现的动物。多年前，我还是个十几岁的孩子时，曾参加过一门西方文明史课程，其中有关"洞穴艺术"的单元让我开始关注史前岩画中的动物；当时我对生态与环境的兴趣日益浓厚，还收集了许多关于鼠疫和狂犬病大暴发的资料；并且为撰写一篇有关"在狩猎摄影中拍摄动物尸体"的文章时，我又接触到了17世纪有关死亡动物肖像画的文献。唉，有限的时间和精力令我曾经不得不将目光集中在西方世界的文化表达，而错过了众多非西方世界中的但至关重要的动物故事，也让我局限于西方历史观，不得不说是一件憾事。

在编写这本书的时候，我查阅了大量的书籍文献，其中有些仅与动物的主题略微沾边，比如黑死病、静物画，以及一种巴伐利亚传统的装饰链（Charivari），但我的视角由此得到拓展，变得更加多元。当然，本书中还收录了许多学者在特定历史时期、特定地点所撰写的关于动物的重要专著，例如18世纪[3]、19世纪[4]法国的一系列对动物深入研究的成果，以及英国历史上（包括现代早期[5]、1500年至1800年的300年[6]，维多利亚时期[7]，以及20世纪早期[8]）众多的研究著作。另外，我还非常感激埃丝特·科恩对中世纪仪式及游行中动物的研究[9]，斯科特·沙利文的《荷兰猎物画》[10]，保罗·巴恩与让·韦尔蒂在旧石器时代艺术领域的研究[11]、朱丽叶·克拉顿-布罗克的《驯化动物史》[12]，以及埃里克·巴拉泰和伊丽莎白·阿杜安-菲吉耶的《动物园的历史》[13]。本书是一本厚重的文献集，这种写作风格近年来并不流行。我援引文献的嗜好不仅是出于对学术传统的坚持，也是为了避免林恩·怀特所哀叹之事发生——他曾抱怨有些学者为了提高自己文章的

引用次数便不再提及资料来源[14]。　　　　　　　　　　　　　　　　　　　　　ix

最后，我衷心感谢家人和同事给我的帮助和鼓励，特别是托马斯·迪茨，亚当·亨利，亚历山德拉·卡洛弗，丽贝卡·琼斯，埃米·菲茨杰拉德，达尔文，贝利和玛吉。我借用布鲁诺·拉图尔的这句话送给你们：

每一百本评论、争辩、注释的书中，只有一本是客观描述[15]。

琳达·亨利·卡洛夫

东兰辛，密歇根州

2006年4月

第1章

史前时期，公元前5000年以前

让我们先回到32 000年前，看一看旧石器时代的祖先们所画的动物。在法国 1
西南部的一个洞穴深处，存在着足以印证"人类与其他动物之间存在深刻联结"
的证据。这就是肖维洞穴。洞中阴暗湿滑，地面高度不断变化，随处可见尖锐
突出的岩石和危险的钟乳石，生活在公元前30 000年的旧石器时代晚期人类在岩
壁上留下了令人惊叹的动物画像。复杂的场景布满了岩壁——直奔而来的犀牛、
咆哮的狮子，一群群动物好似正在从洞中穿梭而过。这里一共有420幅动物画作
（人类的形象只出现了6幅）。肖维洞穴的艺术家们使用娴熟的艺术技巧将动物画
得栩栩如生，他们运用渐变和透叠画法，表现出肌体的动感、速度、强度和力
量；他们结合凹凸不平的岩石表面来表现体积与三维立体感；他们还扭曲了某些
动物的解剖学细节，使得人们只能站在洞穴的某个特定位置才能观看到正确比例
的画面[1]。可见，我们的史前祖先不仅非常擅长艺术创作，而且着实花费了非常
多的时间去观察动物。

他们为什么要这么做？这些动物对旧石器时代的人们究竟有什么特殊意义？
为什么他们要如此不遗余力地在洞穴里描绘、涂画、雕刻动物的图像？对此我们
一无所知，但有许多猜测。迄今为止，人们已经发现了数以百计的彩绘洞穴，很
明显，每个洞穴中的壁画都讲述了不同的故事，这些故事都与地理环境、气候条
件、当地文化和年代背景有着非常深刻的关联。因此，在数千年里洞穴绘画艺术

并没有遵从"由简单到复杂"或"从抽象到写实"的规律线性发展，而是生发出各式各样吸收了不同文化思想内容的艺术表现形式[2]。比如，在每个彩绘洞穴中所描绘的动物行为都大不相同。在肖维洞穴的岩画中，动物是运动的，画面呈现了速度和力量；但在科斯凯洞穴（同样位于法国南部），动物们则被描绘成静止不动的样子，从不跳跃或是奔跑[3]。肖维洞穴中绘制的动物形象多为旧石器时代晚期最强大的食肉动物（熊、狮子、犀牛等），人们显然十分重视这些危险的大型动物。这种对食肉动物的关注在公元前25 000年前后发生了变化，洞穴艺术开始以展示食草动物为主，而详细绘制的食肉动物图画几乎消失殆尽。尽管人们认为，这种绘画风格的差异有可能映射了旧石器时代动物物种大量出现随后又大量灭绝的变化，而这种自然界的变化进而影响了人类世界的艺术文明[4]，但为什么洞穴绘画的主题从食肉动物变成了食草动物，对此我们在很大程度上仍然无从得知。

在旧石器时代人类的食物构成中，食草动物毫无疑问占了绝大部分。而且在过去125年间提出的众多洞穴艺术理论中，最常见的一种说法是，动物绘画和动物雕刻都代表了"猎人艺术"——将猎物用图案表现出来，以确保狩猎活动的成功，或与其他猎人交流狩猎信息。猎人艺术是狩猎仪式中的一部分。还有人认为，随着全球气候变暖，大量动物向北方迁徙，食物资源供应不足，人们绘画的目的是"制造"动物，而不是杀死它们[5]。同样，也一直有理论认为洞穴艺术与狩猎并无关系，而是与生育有关。史前艺术家们将为动物作画，作为鼓励它们繁殖的方式，以确保食物来源。但是在艺术领域中，几乎没有案例支持"艺术与动物生育力有关"这一观点。很少有动物被画出明显的性别特征和生殖器形象，或发生性行为，关于幼兽的图画就更少了[6]。

另一个观点提出，旧石器时代对动物的描绘是巫术仪式的一部分。这种理论认为，这些动物图画，特别是深洞壁画，使用特定的几何图像表达意识所到达的幻觉状态，这些画作利用洞穴的自然轮廓，体现"在仪式上将存于地底的动物灵魂物质化"，都是史前人类试图与灵魂联结或寻求精神视野的表现[7]。例如，刘易斯·威廉姆斯提出，旧石器时代的人类通过"意象"建立并定义社会关系，而触达更高阶意识形态的能力不仅使"创造意象"成为可能，也促使人们创造了宗教和社会差异[8]。由于萨满教文化通常是动物化的，人类以动物的形式和动物的属性来观察和体验世界，因此有人认为，洞穴壁画有可能代表的是精神世界中的动物形象，而不是对真实存在动物的复制再现[9]。

也许重要的是"观看"这个动作。例如，根据对当代狩猎文化的了解，巴恩和韦尔蒂认为萨满巫师的力量有可能是来源于随后对图像的观看，而不是从图画或绘画行为本身衍生出来的。艺术家/萨满可能是一个"动物之主"，代表着动物的生命力量或有可以赋予动物生命的能力，在动物的鼻孔和嘴上画的线条描绘的是动物生命力量的进出[10]。尽管对于语言何时出现在人类历史中并未达成共识，但人们认为肖维洞穴的艺术家们一定掌握了可以沟通的语言体系，否则无法创作出如此复杂的动物形象。物质表现形式扩展了语言表达的能力。兰德尔·怀特认为，能够以视觉方式思考是一种革命性的发展；视觉和触觉的表达是持久的，它们的权威来自"在没有交流者的情况下交流"的能力[11]。

不管用什么理论来解释洞穴绘画，但显而易见，旧石器时代晚期的人类都表达出对动物的崇拜，而且大多数学者也都认为，史前艺术作品与仪式、典礼有着紧密的关系[12]。我们会歌颂和赞美那些我们尊敬的动物，这并不奇怪。在早期人类历史中，人所扮演的角色往往是猎物而非捕猎者，我们偶尔会去捡食其他更强壮的食肉动物留下的动物残骸[13]。有明确的证据表明，在40万年前，人类开始使用木质长矛捕猎野马，尽管此时他们依然经常食用其他食肉动物留下的残骸[14]。在这种情况下，人们会崇拜那些位于"生态金字塔"顶端的食肉动物也就不难理解了。

在大多数的洞穴遗址中，描绘在墙壁和洞顶的动物物种与散落在洞穴里的骨头都没有直接联系，这说明艺术家们通常不会去画那些被人吃掉的物种。比如，在阿尔塔米拉岩洞，人们捕食马鹿却描绘北美野牛（见第10页图1），在拉斯科洞穴，人们捕食驯鹿，但只有一幅图画明确出现了驯鹿。[15]因此，早期的艺术表现

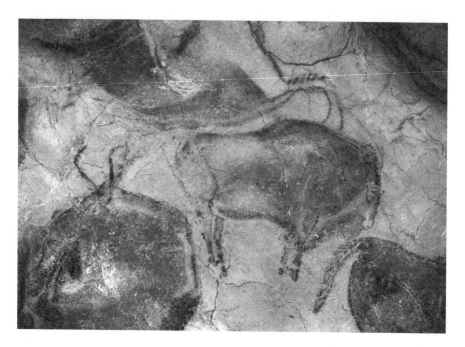

4　图1　北美野牛，旧石器时代岩画，野牛大厅（Hall of the Bison），阿尔塔米拉岩洞，
　　西班牙，公元前15 000—前8000年。

图2　中国马，旧石器时代岩画，拉斯科洞穴，佩里戈尔地区，多尔多涅河，法国。

很大程度上被视为人类文化偏好的反映，而不是对生活环境周围那些有利用价值的特定动物的记录。[16]

洞穴艺术中最常出现的动物是马（占所有已知岩画的30%，见图2，这是一只中国马）、北美野牛以及原牛（占所有岩画的30%），鹿、北山羊和猛犸象（也是30%），以及熊、猫科动物、犀牛（占了最后10%）。[17]具体的物种在岩画中是如何被描绘的？其中一个表现是马与野牛的压倒性的共存，它们都比其他物种画得更大、更细致，这也许暗示了形成旧石器时代晚期人类"比喻系统"基础的一种二元性，尽管这个假设的系统仍然意义不明。[18]

另外，对一些物种的描绘中出现值得关注的解剖学细节，这证明了史前人类对他们生存环境里的动物真的十分了解。早期人类对其他动物之所以如此熟悉，可能是因为猎人与猎物之间安全距离（刚好令猎物受到惊吓而逃跑的距离）较短的缘故，正是因为有了现代武器，被捕猎的动物们才学会了远距离奔跑。[19]但是，在旧石器时代的艺术作品中，食肉动物总是不能被准确地描绘出来，大概是因为食肉动物更难被近距离观察，相较而言，食草动物是更易于被控制的猎物。在描绘食肉动物时最常出现的错误，是熊和猫科动物的犬齿位置偏差。犬齿是在食肉动物绘画中唯一被描绘出的牙齿，其尺寸常常大得夸张，导致当动物的嘴闭合时，下颌犬齿会与上颌犬齿碰在一起。[20]

很明显，肖维洞穴的艺术家们拥有敏锐的洞察力，对于动物习性的知识也丰富扎实，这都体现在他们对于动物解剖结构、动物个体之间的对抗的绘制，以及对特定物种，特别是对群居动物（如猛犸象、狮子、北美野牛）和独居动物（如熊、豹等）之间社交行为异同的准确表现上。[21]被发现的岩画中的动物大多是群居动物，它们通常是按家庭或群体生活，因此其姿势通常被解释为特定行为的代表。[22]例如，野牛尾巴上翘、后背拱起、肌肉收缩，狼的耳朵竖直、嘴巴张开、鼻子彼此指对，都会被解读为一种具有表现力的、非侵略性的"仪式斗争"。在描绘动物互相嗅闻气味的画作中可以看到仪式性的展示；在装饰性的构图中，动物的对称性会体现在身体、角和牙齿上。[23]

一些动物在画中飞奔、跺脚、跳跃，而另一些则一动不动，它们翘起的腿和伸出的舌头，让学者们得出结论，古代画家对于动物解剖细节的描绘是直接对照动物尸体进行描摹复制的结果。[24]确实，洞穴艺术中很多动物的画像都用来表示已经死去或是垂死的动物。比如，绘于阿尔塔米拉洞顶的蜷缩的北美野牛，就被认为是被迫掉落悬崖撞击而死。[25]另一方面，通常情况下，不同的学者对于同一幅绘画也有不同的看法。兰德尔·怀特就认为，在旧石器时期的洞穴岩画中，很少有动物表现出痛苦或疼痛的状态，"在那里我们几乎完全看不到暴力和捕猎的场景"。[26]

在"可携带艺术"①中的动物同样显示出旧石器时代的艺术家们对于动物行为进行精确再现的尝试。1999年在德国新南部，人们发现了三个用猛犸象牙雕刻的精巧雕像，每个都不超过2厘米：一只水鸟，一个马首，以及一个同时具有人类和猫科动物特征的兽人。[27]这些小雕像出现于距今33 000年前，被认为是世界上最古老的具象艺术的代表，它们被打磨抛光，可能是收存起来留待后世使用，或者是作为专门的随葬品。[28]这些三维的动物形象雕刻出了令人印象深刻的动物行为细节。这只鸟有一个伸展的长脖子，暗示它是飞行或潜水的水鸟，有紧贴身体的翅膀和背上的羽毛，清晰可辨的眼睛，以及锥形的喙。[29]

距今最近的一处史前绘画（至少是已发现的距今最近的一处）是位于法国阿列日省勒波泰勒的一处马的画像，它创作于公元前11 600年（前后误差不超过150年）。随着这幅画被发现，人们认为此前维持了20 000年的那壮丽的史前艺术传统就此终结。[30]人们认为，当社会环境及经济条件将"精神世界"从石头墙后带到地面上时，洞穴艺术的时代就结束了。[31]特别的是，熊似乎与我们旧石器时代的祖先有着独特的关系。肖维洞穴中熊的形象从来都没有眼睛，虽然我们不知道

---

① 原文为portable art，也写作mobiliary art，是旧石器时代中晚期及中石器时代艺术的特征之一，指可以从一个地方移动到另一个地方的小型史前艺术作品，通常由象牙、骨头、鹿角、石头制成。它是史前艺术形式的两个主要类别之一，其可携带性与不可移动的rock art（洞穴艺术，如洞穴壁画、岩石浮雕、地画等）相对。——译者

这种缺失有什么意义，但熊似乎在洞穴中扮演着重要的角色。那里到处都有熊的遗迹，墙壁上和洞穴里有它们留下的印记和爪痕，除此之外还有非常多的熊的骸骨。[32] 人类可能受到熊与自身相似的外形（比如步态、后足站立行走的能力、有五指的手掌等）和杂食性的影响，还有一种可能是，熊被认为是联结人类社会与超自然世界（或是动物世界）的纽带，就像熊在爱斯基摩或是因纽特文化中所扮演的角色一样。[33]

史蒂文·迈森认为，全球气候变暖是导致绘画和雕刻动物这一传统在一夜之间消失的原因。在冰期的寒冷气候条件下，各族群的人不时聚在一起，举行仪式、典礼，一起绘画并交换有关动物活动的重要信息。岩画记录了重要的狩猎信息，比如动物的位置和行进路线，人们应该在哪里生活和捕猎，以及面对危机要采取怎样的措施。因此，洞穴艺术与神话和宗教仪式一起，保存了流动的狩猎信息，以及在恶劣气候中艰难生活的幸存者的故事[34]。但是在大约公元前9600年，地球上的气候开始变暖，人类的生存不再那么吃力了。人们聚成松散的小族群生活，自给自足，不再需要知道几公里外发生的事情了。从那之后，狩猎变成了任何人都可以随时随地进行的活动，狩猎信息的传递也变得不再必需。[35] 岩画的终结标志着人类与动物之间关系发生了重大变化。

新的关系

在末次冰期的寒冷气候中，人类学会了制造工具和生火取暖，并开始与狼群联系在一起。这种联系很可能是一种狩猎搭档的关系，有证据表明，120 000年前旧石器时代的人类在洞穴中建造避难所，并将狼的头盖骨故意放在洞穴的入口。朱丽叶·克拉顿-布罗克对旧石器时代狩猎的描述帮助我们了解了狼群在人类与动物的关键活动中起到的重要作用[36]。她提到，旧石器时代北半球的猎人们生活方式与狼群很像，两者都进化成为狩猎大型哺乳动物的社会型猎手。由于人类无节制的狩猎行为，以及火的推广使用，大型哺乳动物的数量和种类开始减少。狼群已经在北半球平稳安定的生态系统中生活了长达近一百万年，它们杀死猎物种群中那些老弱病残的个体；而旧石器时代的人们会随意屠杀猎物，所杀的动物数量超过了生存所需。到了末次冰期，许多大型哺乳动物都灭绝了。人们不再正面对抗野马、野牛和驯鹿这些他们用来作为食物的动物，而是开始借助狼群，以及之后的猎狗，使用合作的方式去伏击捕杀整群的动物（见图3）。

气候环境的变化加上人类过度的、粗放式的狩猎，导致到了末次冰期的后期，许多大型动物都灭绝了。袋鼠、巨袋熊、大地树懒、猛犸象、乳齿象、穴熊、欧洲犀牛、美洲野马、侏儒象、地中海岛屿的河马、澳大利亚袋狮等都在其列。[37]

从狩猎野生动物到驯化和放牧家畜，人与动物的关系发生了里程碑式的转变；就如朱丽叶·克拉顿-布罗克所说，动物的所有权是区分狩猎和放牧的特征。旧石器时代和中石器时代的人类放牧动物是否是为了储备食物不得而知，一些学者认为，画在可携带艺术品上的身披挽具的马，证明了在旧石器时代野马已经被人类驯化了。[38]马的牙齿化石甚至出现在旧石器时代人类聚居地遗址中，这些牙齿化石带有因一边啃咬秣槽一边喘气而形成的磨损痕迹，这说明马会因焦躁不安而啃咬那些圈住它们的木质围栏。[39]在考古发掘中发现的骨头碎片和牙齿表明，在新石器时代早期，从事农业的人类开始有选择性地喂养一些动物，尤其是那些温顺的、小型的、耐寒的、容易蓄养的动物。[40]

动物作为人类伴侣在人类文化中出现，是旧石器时代人类与动物关系的另一个重要变化。最早被驯化的动物很有可能是狼，它们被驯化的目的并不是作为食物来源，而是被带入人类聚群，不仅提供狩猎帮助，同时还是疾病的受体，人类遗骸的有效掠夺者。[41]旧石器时代晚期（纳图夫早期，约公元前12 300—前10 800年）狼被驯化成为伴侣动物，其证据在墓葬遗址的发掘中被发现。有一处发现了一只小狗蜷缩在一位老年女性的头颅旁边，这位女性的左手扶在另一只狗的身体上；另一处墓葬中，则发现了三个人类和两只狗的尸体被仔细安放在了同一个墓穴里。[42]据克拉顿-布罗克所说，小狗葬礼是家养犬类出现得最早的文化证据，

图3　合作狩猎野生动物，岩画，撒哈拉，公元前8000年。

尽管还不知道这种动物究竟是狼、狗还是豺，因为被发现的骨头仅是碎片，而且这只动物还很年幼。[43]不过，可以认定的是，这种动物在12 000年前就被住在石质房屋里的纳图夫猎人驯化，并受到高度的重视。

　　几乎可以确定的是，在旧石器时代晚期，人们将被宰杀的动物的后代带入人类社群，并且饲养、照顾它们，与它们玩耍。[44]人类常常收容失怙或被遗弃的小动物。[45]新石器时代早期的人类将动物拴在聚居地的入口，这些动物有可能会被用作狩猎行动的诱饵，或者是作为身份的象征。[46]并且，有确切的考古学证据表明，某些野生动物物种早在公元前6000年前就被驯化了。比如，一对棕熊的下颌骨曾发现于法国的一处岩石庇护所。这对下颌骨显示出骨头和牙齿上完全对称的变形，这些变形不存在病理特征，而是表明动物在很小的时候就曾被皮条或是绳索拴在下颌的周围，随着熊慢慢长大，下颌骨围绕着绳索生长。[47]

　　动物的身体部位经常用在装饰、展示展览、宗教仪式中。来自可携带艺术品的记述为我们展示了许多动物的身体部位在史前时代被用作装饰品，尤其是骨头和牙齿。保罗·巴恩和让·韦尔蒂很好地总结了考古学证据。[48]他们认为在11万年前人类就在狼的脚骨和天鹅的脊椎骨上打洞，100 000年前，人们将猛犸象的象牙雕刻、抛光，制成装饰品；而在距离现在更近一些的约43 000年前，动物牙齿被打孔后制成吊坠，最早使用的多为牛的门齿，或狐狸、鹿、狮、熊等动物的犬齿。马格德林文化时期（公元前15 000—前8000年），犬齿是非常流行的装饰物，某些熊的犬齿还会被雕刻上动物图案，比如鱼或海豹。

旧石器时代的艺术家有一个制作珠宝的有趣技术，他们在牙齿仍在动物嘴里的时候就锯穿牙根，然后将牙床从下巴上整个切割下来，再用细长的树胶把牙齿像珍珠项链那样串起来。[49]羊头挂饰以鹿角为材料制成，长矛的杆上经常雕刻着跳跃的野马。由于在坚硬的骨头上雕刻非常困难，因此大多数小雕像是用石头或象牙雕刻而成，仿造的雄鹿犬齿也经常用象牙、兽骨或石头制成。猛犸象牙多用来制作雕像、串珠、手镯、臂饰等。巴恩和韦尔蒂提出早期人类有可能为那些曾经鲜活的材料赋予神秘的作用，尤其是鹿角，它们持续不断地生长且每年脱落的样子令人印象深刻。[50]

洞穴绘画中描绘的动物与石器时代晚期人类食谱上的那些动物并无联系。[51]这使得被广泛认可的观点更加确凿无疑，即对史前动物的描绘并不是为了记录狩猎活动的猎物。并非所有的旧石器时代可携带艺术品都由象牙、兽骨、石头制成。最早的制陶技术出现于26 000年前（大约在农业出现的15 000年前），最早烧制出来的物件多为动物（大部分是食肉动物）和女人，而且许多小雕像似乎是为了特定宗教仪式而制作的。[52]

最后，正如动物画像在洞穴艺术中很可能扮演着仪式化的角色，在史前时期，真正的动物会被用在仪式和典礼中。在对一处距今120 000年的历史遗迹的挖掘中发现，人类墓葬中常有动物的身体部位，比如鹿头、鹿角被放在儿童遗体的上方，一名男性遗体的手中抓着野猪的下颌骨。[53]60 000年后的肖维洞穴中，一个熊的头骨被特意放在一块从天花板掉落到石室中央的石块的表面；还有一个熊头骨被画上了黑色的条纹，两颗颊齿被放在一块大的方解石的小洞里；两根动物的上臂骨被插在靠近洞口的地面上，这是有人故意为之，还是由于流水或泥沙长时间的流动搬运堆积而成，就不得而知了。[54]

　　在人类历史的最初几百万年间，人们只制造那些有实用价值的工具，大约4万年前，一场文化的变革使得人类开始绘画、雕刻、塑形、穿戴珠宝首饰，以及制作乐器。[55]值得注意的是，在史前时期的早些年里，绝大多数的图画创作都与动物有关。就如约翰·伯格所说，最早用来表征人类的符号是动物，最早用来作画的颜料很有可能就是动物的血液，几千年来，人类用动物符号来绘制对世界的认知。[56]只要人们奉自然为神圣，并且维持农耕的生活，这种对动物的崇拜就会一直持续。在下一章内容中我们将会看到，人类社会的这两个特征如何从公元前5000年开始发生根本的改变，而人们看待动物的方式，也随之悄然发生变化。

第2章

古典时期，公元前5000—公元500年

当我们在人类已知的最早文明中找寻人类历史上的动物的身影，我们会将目光投向公牛。公牛在史前时期也非常重要——想想那在洞穴艺术中势不可当的牛，几乎占了所有动物物种的三分之一。早期历史中对牛崇拜的考古学证据来自在萨塔胡伊克发现的牛神殿，萨塔胡伊克是最早的真正意义上的城市之一，公元前6000年左右出现于现在的土耳其地区。神庙中一个长凳状平台的侧面有黏土制成的牛角，这表明牛在萨塔胡伊克文化的仪式和典礼中扮演着重要角色，牛角与生育能力和人类形象有关。[1]人类与其他动物的许多联系是在驯养和农业发展的过程中实现的，如当地中海的猎人们开始蓄养山羊，而不是只猎食野生动物时，生活方式便发生了革命性的改变。[2]但是，某些动物在人类对创造、出生、生与死的认识中起着特别重要的作用，而没有任何一种动物对人类文明的作用能像牛那样重要。[3]公牛是公元前3000年世界上大部分地区艺术中最具威力的形象，包括美索不达米亚、埃及、安纳托利亚、海湾和高加索地区、中亚西部和印度河流域。[4]在古代，牛和人类之间有着深刻的相似之处，而野生公牛（高大、强壮、勇敢、性欲强）是男性权力和生育能力的典范，尤其是对首领和早期国王来说更是如此。[5]

公元前4500年，人们将牛拴住用来犁地，这是人类在自身力量之外，第一次运用动物的动力来从事食物生产的活动，并且伴随着这一革新，劳动力剩余成为可能，人们的日常生活不再仅仅忙于获取食物，还可以分化出明确的社会分工[6]。家畜的拥有者很快成为财富的支配者。卡尔文·施瓦贝指出，"私有物"（chattel）这个词与"牛"（cattle）有关，"资本"（capital）最初指的是牛头，而在梵语中，"去争斗"（to fight）指的就是"为了获得牛去发起攻击"，而"首领"就是"牛的主人"[7]。甚至现代英语金融术语的起源都是由"牛"驱动的，比如股票（stock）、股票市场（stock market）、掺水股（watered stock）等。为了记录牛的财富，书写产生了。最早用来表示财富的符号是长角的牛头（capital），是字母表上第一个字母，并且以楔形文字画成一个上下颠倒的三角形，在其一边带有弯曲的角，如希腊字母"α"和英文字母"A"。[8]在埃及的古王国时期（公元前2649—前2134年），官方统计的家畜数量是确定国王统治时期的基础。[9]因此，牛的重要性不仅与它负重和犁地的能力有关，也与它的生育力有关。所以毫不奇怪，到了古代苏美尔文明兴起时，公牛不仅在绘画艺术中保持了动物代表制的主导地位，而且在人类叙事艺术中占据了中心地位。

未被征服的自然，城市与战争

随着城市的建立、财富的积累、贸易和争斗的增加，强大的动物和原始的自然开始成为斗争、暴力和战争的象征。人类对动物的描绘也强调野性、凶猛、强壮，并将其作为战斗王国的象征。[10]在大约公元前3500年的美索不达米亚，动物的形象被雕刻在石制的圆柱印章上，是这种动物观的最早例证。用于保护和记录容器内的珍贵材料（如果两端穿孔，则会用细绳穿起来作为装饰珠宝佩戴），这些圆柱印章是对古老的美索不达米亚生活仅存的图像记录。（由于美索不达米亚山谷中没有采石场，我们对美索不达米亚艺术的了解比埃及艺术要少得多[11]。）因此，圆柱印章为美索不达米亚约3000年的艺术史提供了重要记录，并阐明了"动物，尤其是公牛，与战争中的斗争、冲突、胜利紧密相连"这种对动物认知的不断发展。[12]图案被阴刻在石制圆柱印章的外侧，当印章在黏土上滚动时，就

图4　苏美尔石制圆柱印章，描绘了人类、野兽及一头半人马之间的战斗，并在陶板上留下了这枚印章的印痕。乌尔，年份不明。

会留下连续的浮雕图案印记。

　　根据弗朗西斯·克林根德的说法，圆柱印章上的动物图案一般分为三大类：[13]（1）一个对称的带状装饰，动物被雕刻成面向同一个方向的一排；有时为了保持画面的平衡，会雕刻上下两排，两排的动物朝向相反的方向。（2）成对出现的动物或呈对抗的姿态的人类，例如裸体的英雄与一位斗牛士正在对抗凶猛的公牛。（3）一段正在打斗的动物的连续图案，通常描绘的是狮子和捕食者正在袭击牛，而人类正捍卫着自己的家畜。图4的左边是来自乌尔的闪族城市石质印章的照片，而右边则是这块印章在黏土上滚过时留下的图案，这是由人、猛兽，以及半人半兽的形象组成的一串连续的图案。这幅图也很好地反映了美索不达米亚艺术家如何在场景中描绘动物，以昭示未开化与文明、野性与驯服、未知与已知之间往复前进的博弈。[14]

　　除了圆柱印章上有棱角和对称的图案之外，动物还以自然主义的风格表现

13

图5 一头公山羊站起来将前腿搭在一棵发芽的树上。苏美尔，乌尔，公元前2600年。

出来，提供了它们有关身体和行为特征的详细信息。早在公元前2600年，美索不达米亚的艺术家们显然是基于第一手资料，创作出逼真的、自然主义风格的动物雕塑。唐纳德·汉森在他的书中写到，人们使用工艺技巧将物质材料附加在独特的物种身上，例如使用青金石和贝壳作为眼部镶嵌物，以给人栩栩如生的印象。[15]许多动物作为大型作品的一部分被展示出来，包括狮子、鬣狗、豹、熊和野驴等。重要的是，动物行为也可以被表现出来，例如通过挽具来驾驭约束马匹，以及通过从走动到慢跑再到狂奔的一系列画面来描绘动物的自由运动。这个时期一些最广为人知的文物来自皇家陵寝和墓地，包括装饰精美的雕塑和带有华丽的木芯牛头装饰的乐器。

一只被驯养的雄性山羊将前腿放在发芽的植物枝丫上（见图5），这件雕塑非常著名，也常常被称为"困在灌木丛中的公羊"，根据的是《圣经》故事里，亚伯拉罕在灌木丛中发现一头公羊被缠住了羊角，于是把它解救出来，并用它代替自己的儿子献祭给上帝。不过实际上雕塑所表现的动物是山羊而非公（绵）羊，尽管它确实是被"抓住"的——羊的前腿被人用银链绑在了一株植物上。人们相信，这座雕塑代表了苏美尔人对动植物生育力的关注。[16]对于雕塑中的山羊用后腿站立的这个姿势，人们有多种解释。一种解释是说，山羊的繁殖力之强仅次于

14

公牛，在这尊雕像中所描绘的姿势便是它们交配时的站姿；而在另一种解释中，直立的姿势被解读为公羊正在爬树，这体现了它们可以爬到树上取食其他动物难以吃到的高处树叶。[17]人们在乌尔的陵墓中发现了两尊山羊的雕像，都遭受了严重压毁并最终被修复。尽管其中一座山羊雕像的性别因身体下部受损而无法确定，但另一座保存在大英博物馆的雕像明显是雄性，雕刻着羊的阴茎和镀金的睾丸。[18]

图6　雕刻在竖琴上的公牛头。苏美尔，乌尔，公元前2800年。

　　这个时期最著名的文物是一些雕刻有精美牛头的乐器。图6就展示了一把牛头竖琴的局部特写，这把竖琴出土于公元前2800年建造的苏美尔乌尔陵墓。另一把著名的竖琴被发现于公元前2600年的乌尔王朝的普阿比女王墓。后者的牛头装饰由一些贵重的材料雕刻而成：牛头和牛角的大部分是金箔制成的，包在木雕胎体的外边，眼球是贝壳镶嵌，瞳孔、眼睑和分层的簇状毛发则是用青金石（一种深蓝色的矿物）制成，形成发尾具有紧致发卷的十二缕华丽的胡须。[19]这些乐器在牛头的下方通常会有一系列嵌板，描绘着对抗性的场景（或是"纹章"），这些场景交织表现了英勇对抗的人类与动物、长着人头的公牛，以及扮演人类行为（比如演奏乐器）的动物们。

　　在美索不达米亚艺术中，描绘动物之间（通常是公牛）及动物与人之间的对抗的作品很常见，其中的大部分被认为是再现了人类历史上第一部史诗的主

15

角——吉尔伽美什与恩启都之间的斗争。虽然这个故事的早期版本可以追溯到公元前2100年，但保存最完好的记述被刻在了公元前1700年巴比伦的12块泥版上。[20]这首史诗讲述了国王吉尔伽美什与（半牛半人的）野人恩启都的友谊。吉尔伽美什的密友恩启都，曾是一个衣不遮体的野人，直到与一位女性发生了性爱关系才蒙开化。但他具有十分讨喜的动物特质：他十分平和，常在牧场间四处游荡，驱赶掠食者们，并且帮助他的动物朋友们摆脱人类设置的陷坑和圈套。虽然在美索不达米亚绘画艺术中，"野兽英雄"的主题所要表现的并不是友谊，而是人与动物之间，尤其是人与公牛之间的那些激烈对抗，但古人还是记录下了非常多和平的场景，这些场景表现了人与动物间的驯养关系与友谊。[21]

驯　化

远古人类对家畜的喜爱在古老的石灰岩雕刻中得到了极好的印证，尤其是埃及人对牛的着迷。埃及语中的"ka"同时具有"生命力""双倍"以及"牛科动物"的意思，而且"ka"以象形文字出现时，表现为人的手臂高举过头顶以模仿牛角，这种象征更是体现出人类与牛之间的关系。[22]古埃及有很多关于牛的哺育和血缘链接的图画，比如母牛凝视或是舔舐牛犊、人类照料牛的画面等等。这里有几个例子，图7中，几头牛被赶着过河，其中一头小牛被牛倌背了过去，它正回头看向母亲以求安心。图8（见第28页）显示了另一种常见的画面，小牛犊被人扛在肩上（或许是在朝圣的路上）。

人们常常在典型的场景中展现动物，如驴子走过打谷场、牛在树下吃草等等，这些场景记录了古埃及的动物生活史和人们的日常乡村生活。[23]埃及人常常描绘成群的家畜，作为技艺高超的艺术家，他们能够将动物和植物画得非常逼真。图9（见第29页）就是一个非常好的例子。这幅雕刻在石灰石上的牛在树下吃草的画面，逼真到令人仿佛能感受到觅食的牛群正缓缓移动，而它们头顶的树叶也正在风中沙沙作响。自然界中的细节被画得如此准确，以至于今天的动物学

图7　牛群正涉水渡河，在画面的右侧，一位牧民背着一头小牛。蒂的石室墓（the Tomb of Ti）中的石灰石浮雕，埃及，公元前2400年。

家仍然可以认出这些古代艺术家所描绘的鸟类和鱼类的种类。[24]图10（见第30页）表现了埃及农业的经典场景，驴子（屁股上有被赶车人挥舞棍子打伤的伤痕）[25]驮着粮食，人们把盛放粮食的篮子抬到粮仓，羚羊从马槽里进食。

　　公元前2500年左右，人们役使驯化的驴和马来骑乘、载货、拉车、拉雪橇及拖拽战车等。[26]牛也被当作役畜，公牛一旦被驯化后，能够提供非常可观的动物力量，人们通过给牛戴鼻环、切断（或全部切除）它们尖锐的牛角以及阉割等方法来控制它们[27]。公元前2400年出土的墓葬艺术显示，在古埃及农耕文化中，长角牛被用绳索拴上犁头，人类驱使它们拉着铧式犁犁地。到了公元前1400年，役牛被广泛征用于各种工作。它们会拉着装满补给的马车去支援战事和采石探险；会拉着装满外国游客的马车，比如叙利亚人和来自异国他乡的妇女和儿童，还有一次为一位努比亚公主服务；它们甚至在一个类似于木板车的平台上拉着巨大的石灰石块，这可能是一项建筑工程。[28]

　　正如把牛套在犁上的意义相当，人们将马与骑乘联系在一起，同样带来了重

18

19

图8 荷犊者，一头小牛被人扛在肩上，雅典①，中古时期，公元前575年。

———————————

① 《荷犊者》典型希腊古风时期雕塑风格，制作于约公元前570—前560年，出土于雅典卫城，现存在希腊雅典的卫城博物馆。原文写的是埃及，应为作者笔误。——译者

大的社会与文化变革。马在人类生活中的定位，从史前时期的主要食物来源，逐渐转变为出行的主要交通工具。对于拥有许多耕牛的城邦统治者来说，马所具有的速度与耐力不仅远胜于"强壮但笨重的"牛，并且提供了从事远距离贸易和异国征战的途径。对发展中的城邦来说，马所起到的作用，就像牛对于古代早期文明的创建过程同样重要。[29]

就像在人类文明最早期，牛给人们带来了财富一样，马也成为地位和财富的象征。人们用代表马匹所有权的名字来称呼上层阶级，如雅典的骑马者（hippeis）和罗马的骑士阶级（equitesin）。[30]朱丽叶·克拉顿-布罗克描述了马在古代作为交通工具的历史，以及人们目前所知的骑马基本装备——马镫的使用情况。[31]有象形的证据表明，在古埃及、美索不达米亚和希腊，猎人、战士和国王都曾乘坐由矮小粗壮的战马所拉的战车（战马的头被拉向后方，脖子强烈地拱起）。但在斯基泰亚北部地区，高大的马匹十分常见，根据克拉顿-布罗克的说法，斯基泰人并不使用战车，而显然是蹬着马镫骑在马背上，正如公元前4世纪的金领圈上雕刻的骑士形象所显示的那样。斯基泰人用金属锁链将钩子连接在马鞍上的做法并没有得到快速传播，也完全没有传到希腊南部地区，因为

图9　去邦特的旅行：树下吃草的牛群。彩色石灰石浮雕，出土于德尔巴赫里的哈特谢普苏特女王庙（公元前1495—前1475年）。十八王朝（公元前1554—前1305年），新王国时期。

图10 一头驴与人分担着运送粮食的工作，羚羊在马槽里觅食。这幅壁画出自埃及基波林（Gebelein）的伊蒂墓（the Tomb of Ity），约公元前2181年。

在当时的视觉艺术中，从未出现过"马镫"的形象，古代的史学家们也没有对马镫进行过描述和记载，就像克拉顿-布罗克所指出的那样："色诺芬[①]如果见过马镫，不会不把它记下来。"[32]

有关马镫的历史著述众多，这里不多做介绍。但有几个有趣的小知识值得提及。虽然亚历山大大帝（公元前356—前323年）在斯基泰亚学习了很多关于骑术的知识，但他从未使用过马镫，尤利乌斯·恺撒也没有，这或许可以解释为什么骑兵在罗马的军事行动中从来没有成为核心主力部队。[33] 人们普遍认为，是中国人最早使用马镫，并在公元477年的著述中记载了它，随后的三个世纪里，马镫

---

① 色诺芬（Xenophon，公元前440年左右—前355年），雅典人，古希腊历史学家，哲学家，苏格拉底的弟子。——译者

逐渐流传到西欧，于公元 8 世纪才到达罗马。[34] 至此，人类对战马的运用史可分为三个时期：战车的驾驭者，用大腿和膝盖紧紧夹住马腹的骑兵，以及装备马镫的骑手。马在军事上的每一次改进，都与人类历史上的社会文化剧烈变化有关。[35]

到了公元前 1900 年，巴比伦和埃及都在对狗、牛、羊等动物进行选择性繁殖和品种改良。[36] 比如说狗，古埃及艺术中描绘了许多体型各异、大小不一的狗——有与现代獒犬相似的大型猎犬，以及与灵缇犬相似的瘦长型的狗，表明这两类犬种在过去 4000 年里维持了它们当初的样子，没有太大变化。[37]

艺术家们持续描绘着各种户外活动中（例如采摘、耕田、捕鱼、狩猎等）的动物，直到新王国时期（公元前 1550—前 1070 年），室内家庭场景的作品日益流行，这些作品为"埃及人喜欢与动物共处"提供了大量视觉上的证据。尽管在图 10 中，一头驴正在遭受虐待，但大多数艺术品中古埃及人对待动物的方式，都体现了他们对动物的喜爱。传说，公元前 525 年，波斯国王冈比西斯将狗、猫和朱鹮等埃及人敬仰的动物，放置在前进中的军队前面，埃及人担心行进中的动物们会受到伤害，便放弃了抵抗，冈比西斯从而取得了胜利。[38] 多萝西·菲利普斯在其关于古埃及动物意象的书中写到，埃及艺术家们为一些戴着宽大项圈的狗绘制了画像，并骄傲地宣布了动物的名字，如"镇狗"（Town Dog）。他们制作了一些动物形状的玩具，比如下颚可以用摇杆移动的象牙狗，还画了一些家庭场景，描绘了猴子和猫咪与其他家庭宠物逗趣玩耍的景象。

众所周知，猫是古埃及最神圣的动物之一。在前文提到的冈比西斯胜利的故事中，还有人将其描述为，在进军埃及的时候，每个波斯士兵都抱着一只猫，并将其高高举起。[39] 尽管，古埃及驯养猫咪的视觉证据最早可以追溯到公元前 1600 年左右，但很可能在此之前，猫就已经被驯化并与人类一起生活了。[40] 根据希罗多德（公元前 484—前 425 年）的记载，杀猫的行为是禁止的，并且假如家中有一只猫自然死亡，所有的家庭成员都要剃掉眉毛（以示悼念）。不过杀猫行为确实也会发生的，并且可能是出于神圣的理由。人们仔细研究了伦敦自然历史博物馆里的猫咪木乃伊，发现这些木乃伊多是由年轻的猫制成，它们被人故意折断了脖子，也许这样就可以被当作祭品卖掉。[41]古埃及各种各样的动物都被制成了木乃伊，如公牛，以及数量庞大的猫和鸟类。19世纪末，整船整船的猫木乃伊被运往英国，磨碎制成肥料；萨卡拉数英里长的地道上雕刻有数千个壁龛，每个壁龛里都有一只鸟木乃伊。[42]

随着埃及人开始描绘包含动物的家庭场景，米诺斯克里特岛的艺术家们也开始用明艳的壁画、彩色浮雕和花瓶艺术来装饰豪宅，展示出他们对动物敏锐的观察力。克里特人的宫殿是开放、不设防的（他们的海军舰队可以击退对这座岛的任何攻击），建筑沐浴在阳光下，以壁画为装饰，再现了一个色彩雅致、优雅灵动的奇妙世界。[43]米诺斯人特别喜欢海洋生物，他们在描绘海洋动物的优美动感上有着极高的艺术才华，克里特岛克诺索斯宫中美丽的海豚壁画（见图11）就是一个极好的例子。

古希腊艺术中的动物栩栩如生，让人很容易辨认出动物的情绪状态。有些动物被塑造成丑陋的、病态的、畸形的，正如公元前200年左右那尊著名的大理石雕塑，病痛中的灰狗。[44]狗的面部表情、身体尴尬的姿势和低下的头都很好地表达了它的痛苦和不适。另一个绝佳的例子是一尊大约公元前140年的雕塑（见图12）。这尊年轻骑手骑着奔马的青铜雕像，强调了骏马弯曲的肌肉和离地抬起的前蹄，而在马的脸上，明显收缩的脸颊肌肉、松弛的耳朵、睁大的眼睛、张开的鼻孔和嘴，都反映出了极具张力的激情（或是痛苦）。这匹马跑得又快又猛，年轻骑手正骑坐在马背上，左手握紧缰绳，右手拿着鞭子。

希腊人在大理石和岩石上雕刻了许多美丽的动物形象作为坟墓的装饰品。这其中大部分的动物都与人类结伴同行（人类通常被塑造成神或女神）——动物与儿童并肩而眠，狗慈爱地注视着它们的人类伙伴，鸟类和野兔则被人们抱在怀中。鸟类对古人来说似乎是特别重要的童年伙伴，抑或是作为玩具陪伴——有许多雕像被塑造成孩童一只手举着小鸟，或成年人将小鸟递给孩子。除了家庭场景中的动物形象外，还有数量众多的作品描绘了与动物有关的暴行和死亡：公牛和公羊被祭祀，狮子攻击羊群，孩子将猪和山羊的尸体高高举起等等。

图11 米诺斯壁画上描绘的海豚和其他鱼类，克诺索斯，约公元前1500年。

图12 骑着骏马的年轻骑手，青铜雕像，约公元前140年。国家考古博物馆，雅典。

在古代战争中，驯化动物经常被用作武器、装备和诱饵。希腊人就经常使用大象作为作战装备。本着震慑敌军的目的，人们为大象精心装饰了头饰和响铃，偶尔还会给它们喝发酵的酒，激怒大象使之发狂。[45]大象在前线的作用可能更多是力量上的威慑，而不是实际的战争用途。大象在人类战争中的战斗力并不强；如果遭遇箭攻，大象只会直接转身后退，对己方军队造成的伤害往往比敌军更大。[46]此外，母象如果被迫与小象分开，会拒绝上战场；如果小象受伤或是遭到踩踏而发出尖叫，母象会立即放弃战斗，赶去救援。[47]

希腊人将大象在战场上进行展示，罗马人则在公开表演和娱乐活动中使用大象，以公开羞辱动物为乐。罗马人认为大象是不忠诚、不值得信赖的动物，因为它们在危急的情况下更容易遵从自己的本能，无视军纪。[48]其他动物也曾被用于战争。公元前217年，汉尼拔在制定战略时，为了绕过罗马人的抵抗，他命令部队在迦太基人穿越意大利时将2000头牛的角上绑上一捆棍子。[49]入夜时分，他们点燃2000头牛角上的木棍，将牛赶向敌军。牛群向前狂奔时将周围的树木和灌木丛也点着了，当火烧到牛的头部和耳朵时，它们便开始惊慌失措，四处乱跑。罗马人忙于应付肆虐的大火和狂奔的动物，汉尼拔和迦太基人则偷偷绕过敌军，继续在敌人的领土上行进。

狩　猎

在新王国时期（公元前1550—前1070年），埃及的艺术主题变得越来越多样化，通常表现重要人物或富人的个人生活，如古墓壁画中颂扬墓主人地位的图画[50]。这些壁画大多专注于表现狩猎场景，而动物猎物象征着墓主人的人类敌人。位于尼尼微的亚述巴尼拔国王的宫殿就展示了关于王室勇猛征服的精妙例证，在这公元前650年的壁画中，描绘了国王们就像在战场杀敌一样猎杀猛兽。屠杀动物的可怕画面是编年史中的典型场景，狮子扑向国王的战车，口吐鲜血，拖着受伤的身躯奔跑在战场上。恩斯特·贡布里希指出，这些图画编年史是美索不达米

24

亚人善于吹嘘和宣传的好例子，他写到，在对古代战役的颂扬中，这些纪念碑上暗示着"战争根本不是什么麻烦事……敌人就像是风中的糠一样被吹散了"。[51]

古代学者常把狩猎与战争紧密联系在一起。南希腊迈锡尼[52]和斯巴达[53]社会的视觉作品中描绘了这种关联。在一项研究中，一位学者对公元前600年至公元前425年期间绘制在希腊花瓶上的121个非神话的狩猎野猪和鹿的例子进行了研究，并得出结论说，作为一种维护社会统治和精英利益的富人活动，狩猎在古希腊是一种成年仪式，让精英青年准备好承担起战争和公民的责任，并经常与拳击等有助于训练战士的竞技运动联系在一起。[54]

古代狩猎也与政局动荡以及性欲求欢有关。在雅典民主制度兴起时，贵族的统治岌岌可危，狩猎主题的画作随着统治阶级权力的削弱而增多，而希腊花瓶画中对狩猎的描绘多是对求爱的隐喻，尤其是有关娈童的男色关系。[55]表现狩猎的绘画形式之所以衰落，有可能是因为狩猎不再是精英阶层所独有，所以对贵族的吸引力逐渐减弱。[56]

当动物和人类同时出现在狩猎和其他争斗场面中时，动物的痛苦和死亡往往与人类的沉着冷静展现在一起（见第36页图13）。古代狩猎还是一种观赏性运动，使用圈养和诱捕来的动物作猎物。确实，早在公元前2446年，埃及的狩猎活动就经常发生在有围栏围起来的区域，侍从们将野生动物驱赶到狩猎场并圈养起来，以供王室的猎人们宰杀。[57]前文提到的亚述巴尼拔国王宫殿的石质浮雕便是古代狩猎作为公共展览的壮观例证。早在公元前859年，亚述人就建造了大型动物公园，将自由活动的狮子和羚羊围起来，埃及的艺术作品也经常描绘野生羚羊被套住或是在沙漠中被猎杀的情景。[58]当国王想要狩猎时，他会躲在一个坑里，侍从则打开木笼的滑门将动物放出。仆人们会把动物赶往躲藏起来的国王的方向，国王只需等待动物靠近就可以将其杀死。同时，人群会在一旁围观。狩猎不仅是服务公众的观赏活动，也是对王权的公开展示。[59]有些统治者会使用特别残忍的方法来猎杀动物，如罗马传记作家苏埃托尼乌斯如此描述公元1世纪的罗马皇帝多米提安：

25

图13　猎人挥剑困住一头狮子，卵石马赛克，马其顿，约公元前300年。

他不善于劳累，很少在城市里走动，在出征时和旅行中也很少骑马，而是经常坐轿。他对兵器没有兴趣，但唯独倾心于射箭。有许多人不止一次看到他在他的阿尔班庄园里杀死了百余头不同种类的野兽，并故意用连续命中的两箭杀死其中一些野兽，以确保那些有角的大家伙确实死亡了。[60]

在古代，野生动物通常被圈养在封闭的区域里。被围墙圈成的大片区域里饲养着动物们，那里被称为"天堂公园"，用于皇家狩猎、游行和容纳外国领导人赠送的动物。早期的亚述、巴比伦和埃及等帝国都有这样的公园，而作为伊甸园模型的皇家"乐园"的概念在西方一直延续到罗马帝国末期，在中国则一直到19世纪都还存在。[61]天堂公园通常位于地主庄园附近，这样主人们就可以随时外出打猎，也很方便他们去观察动物。在一个古老的记载中，庄园的仆从会训练动物，让它们出现在某一特定地点觅食，以便主人和客人们在餐厅里观察动物的进食活动，获得愉悦：

26　　　　……在固定的时刻，号角响起，你会看到野猪和野山羊来觅食……在劳伦特姆的霍滕修斯家，我看到这件事被安排得更像色雷斯的吟游诗人的风格……
当时我们正举行着宴会，霍滕修斯命人传唤俄耳甫斯。俄耳甫斯身穿长袍、怀
抱琵琶前来，被吩咐吟唱一首。于是，他吹响了号角，成群的雄鹿、野猪以及
其他野兽像洪水般从四面八方涌来，这景象就像在马克西穆斯竞技场上演的狩
猎一样壮美——至少，那些狩猎表演中并没有非洲野兽。[62]

在神话故事中，俄耳甫斯的音乐可以安抚与驯化动物（见图14），驯化的目
的是令动物们更加容易被猎杀。[63] 因此，谢尔顿认为，田园狩猎是经过精心安排
的活动；罗马的猎人们只需等待动物们聚集起来进行常规的进食，狩猎的快感来
自杀戮，而非追逐。郊野公园中的狩猎和臭名昭著的罗马竞技场狩猎有着相似之

图14　俄耳甫斯用他的琴声吸引动物，来自布莱兹尼的罗马马赛克镶嵌画，公元4世纪。法国
莱肯市立博物馆。

处，它们都提供了观赏野生动物被人类杀死的机会，凸显了人类文明相对于自然的优越性。[64]

大型屠杀

根据公开记录，从公元前186年到公元281年间，在长达450多年的时间里，罗马人以公开屠杀动物（甚至人类）为乐。公开的屠杀活动盛行，几乎所有的罗马城市都提供这种娱乐。[65]作为罗马社会等级制度的赞助人，历代罗马君主斥巨资举办这些奢靡和奇异的活动来取悦公众，以巩固自己的统治地位。这些表演被认为是君主崇拜的一种形式，同时也为罗马人参与公众活动提供了机会。西塞罗指出，罗马人民的需求在三个地方得到了表达：公共集会、选举，以及戏剧或角斗表演。[66]基思·霍普金斯提出，在君主制体制下，公民对政治的参与度逐渐下降，而竞技场上的表演和斗兽活动让君主和民众有机会定期会面。在古代的各大帝国中，罗马帝国十分独特，统治者和被统治者之间可以展开戏剧性的对抗，而圆形竞技场便是人民的议会。[67]在罗马，一年中有长达数月的时间都在举行庆祝活动，几乎隔几天就会迎来一次持续数日的节日，皇帝和民众每年大约有三分之一的时间都在竞技场一起观看表演。[68]表演成了政治的竞技场，在这里，罗马民众可以与皇帝面对面，或向他致敬，或要求他取悦人民，或表达自己的政治诉求。当群众为表演喝彩时，是对皇帝的称颂；当他们发出嘘声时，则是在斥责皇帝。[69]

长期以来，罗马壮观的屠杀场面一直吸引着学者们的注意，由此产生了大量的理论来解释这种对外来动物公开屠杀的行为。有人认为这是为了建立一种对奇异和壮观事物的控制感[70]；或是将异域珍兽作为对外扩张的战利品来展示[71]；或是为了合法地屠杀那些实力较弱的生物[72]；或是通过毁灭外国昂贵的动物来证明自己的富有[73]；或是将杀戮和折磨的快感与观看野兽迅猛动作的喜悦结合起来，满足人们观赏动物的渴望[74]；或是通过减少毁坏农作物的动物数量来促进农业的发展[75]。

实际上，早在竞技场屠杀之前，罗马人就有在公共场合大量屠杀野生动物的传统，尤其是在农村，在公共场合和节日中，人们会杀死侵扰家畜的掠食动物和农业害虫。根据艾利森·富特雷尔的说法，动物既在宗教仪式中被用作祭品，也是罗马节庆和假日活动的活跃组成部分，如冥神节、谷神节和花神节[76]。在冥神节期间，公牛会被释放并猎杀，有些还会被放到火上焚烧；谷神节是一项纪念意大利农业女神的活动，节庆期间，人们会在狐狸背上绑上燃烧的火把，然后释放它们；在花神节，人们则会捕杀野兔和雄鹿来纪念花园和耕地的扩张。

另外，罗马城市中的动物表演也起源于乡村的狩猎活动，是富人们的休闲活动。琼·谢尔顿指出，有一些选民既没有机会也没有财力外出打猎，举行这些表演的部分原因，就是为了赢得这部分选民的选票。通过这种方式，渴望获得政治权力的人将狩猎体验带到了城镇，使所有民众，即便只是作为观众，也都有机会参与到这项运动中来。[77]在罗马竞技场上，实际的狩猎经历通过猎人和武器的部署安排、自然的树木景观的构建，以及与危险的野生动物追逐对抗的场景得到重现。[78]根据谢尔顿的这一说法，拉丁文"venatio"一词最终有了双重含义——在乡村地区猎杀动物，以及在城市公开杀戮动物的景象。[79]

我们对于罗马人屠杀动物的了解，大多来自古代的记述。现存的文献记录了被屠杀的动物数量：奥古斯都统治时期，3500头；提图斯统治时期，9000头；图拉真为庆祝战争胜利宰杀了11 000头。还有一些记录详细描述了竞技场上那些精心建造的布景，模拟了动物的自然栖息环境；还有设计精巧的设备能够将动物或角斗士升到空中，还有字句段落描述了某些动物在竞技场上拒绝打斗的情况。[80]例如，在一份记录公元281年最后一次动物表演的文献中，记载了100只鬃毛狮被屠杀在兽笼口，只因为它们拒绝走出笼子进行打斗。[81]

奇怪的是，罗马人屠杀了成千上万的动物，却没有任何记录说明其后是如何处理动物尸体的。我们仅知道那些动物尸体是通过位于权贵座位下的"死亡之门"从竞技场运走的。[82]唐纳德·凯尔推测，几百年间，为了避免污染环境，处理成千上万的尸体对罗马人来说一定非常重要。焚烧并不是一种高效的处理手段，因此一部分尸体可能被扔进了台伯河；一些无人认领的社会边缘人和流浪汉的尸体可能被丢弃在野外，任由野狗和鸟兽啃食；一些在竞技场比赛中被宰杀的动物还有可能被罗马民众吃掉了。由此凯尔指出，"如果斗兽活动带来了肉类的分配，那么作为狩猎高手的掌权者便是在提供了游乐的同时，也为他的人民带来了野味"。[83]

虽然对死亡动物的处理方式仍有很多猜测，不过活的动物是如何被捕获并运抵竞技场进行战斗的，我们却是颇为了解。有许多关于猎杀和捕获野生动物并将其运往罗马的描述，其中一些细节蕴含在神话故事中，例如女神戴安娜为罗马人提供了可供消遣的动物：[84]

> 无论是怎样让人恐惧的利齿，如何令人惊奇的鬃毛，还有那些让人深感敬畏的鹿角与密布全身的刚毛——森林中所有的美丽和恐怖都被人类夺走了。狡诈保护不了它们，力气和体重也不能帮助它们，脚下跑得再快，也拯救不了自己。动物们或咆哮着跌入陷阱，或被粗暴地关进木笼带走。由于没有足够的木匠来处理木材，挂满树叶的木笼多是用未经加工的山毛榉和白蜡树叶建造。载着猛兽的船只横渡海洋和河流，水手们害怕船上的"货物"，吓得面无血色、动弹不得。另一些动物则是用四轮马车陆运，长长的队伍堵塞了道路，满载着从山里捕来的战利品。野兽被骚乱的牛群拉的车驮着，这些牛以往可是它们口中的食物啊；每当这些牛转过身来看到自己身后拉着的猛兽时，便会惊恐地想要逃离，拉着车向前走。[85]

通过对当时一些著名作家的信件进行研究，乔治·詹尼森描述了野生动物是如何被捕获并运往罗马进行表演的。[86]负责为斗兽场搜集动物的帝国官员很可能雇用了专业的猎人；士兵们也会奉命去捕捉动物，因为狩猎被认为是很有效的战斗训练。捕捉大型野生动物的方法主要有两种：陷阱法和网捕法。陷阱法是在挖好的坑中插上一根柱子，上面绑一只动物（通常是小孩子、羊羔或小狗），使其痛苦地哀号，狮子或豹子就会被诱饵的声音吸引。猎人们会在陷坑的周围竖起一堵墙或栅栏，这样当掠食动物跑上去扑杀猎物时，就不会看到事先挖好的陷阱，还没等到跳到诱饵面前，就会掉进坑里。然后，装有肉饵的笼子会被降入坑中，当野兽进入笼子吃肉时，就会被困住并拖回到地面上。在使用网捕法时，猎人会将动物逼到跑马场或巷子的死角，随后用网捕捉。被捕获后，大型肉食动物很可能被关在黑暗、狭窄的箱子里，这可以使它们保持安静，减少在前往罗马的旅途中伤到自己的可能；"无害的动物"可能被允许在船上漫步，或者被驯化，使其跟随商队。[87]

　　野生动物被拖到罗马，关在笼子里，并被丢在圆形斗兽场黑暗的地窖里，经历了这些后，它们往往不愿意参加斗兽表演。为了将顽抗的动物从地窖中赶到竞技场上，人们想了许多办法，詹尼森为我们讲述了其中一种。[88]动物们被关在位于竞技场下方的笼子里，人们要么将它们直接吊上舞台，要么把动物转移到一系列地下牢笼中，在表演开始时释放它们进入一个通道里，驱赶到地面上。笼门打开时，动物们往往蜷缩在笼子后面，或躲在木栅栏下面。这种时候，人们便用燃烧的稻草或烙铁逼它们走出笼子，笼子的出口被做得很大，而在笼子后部上方有一个小开口，可以投入燃烧的稻草捆。詹尼森引用了克劳迪安的一句话，准确描述了图15（见第42页）所示的那个瞬间："野兽们狐疑地抬起头看着成千上万的观众，在恐惧的压力下变得温顺"。[89]

　　偶尔，动物们对于斗兽比赛的抗拒也会激发观众额外的兴趣。例如，犀牛在与其他动物一起出场时，因为拒绝打斗而成为最受欢迎的动物之一。当竞技场侍从催促它参与战斗时，犀牛会变得暴躁，一旦被激怒，它便会所向披靡，甚至能把公牛撕成碎片，把熊抛向空中。[90]在动物在竞技场上抗拒战斗的故事中，最常被提起的是公元前55年大象和人类之间的一次战斗。在那场斗兽中，大象突然停止了对角斗士的攻击，转向观众，凄厉地叫喊着，似乎在求饶，这一举动使观众们落下了恻隐的眼泪，并站起来咒骂当时罗马三执政之一庞培的残忍。迪奥·卡西乌斯将这一事件记载了下来：

30

31

图15　让·莱昂·杰罗姆，《基督教殉道者的最后祈祷》，1863—1883年，布面油画。沃尔特斯艺术博物馆，巴尔的摩。一头狮子在竞技场的入口处停了下来，显然它对斗兽的抗拒，不比蜷缩在一起的基督徒受害者少。

　　……十八头大象与身穿重甲的勇士交战。这些野兽有的当时就被杀死了，有的稍后才断气。还有一些不愿听从庞培的命令去参与斗兽，在受伤后便停止了战斗，它们扬起象鼻高举向天空，发出悲鸣。观看的民众怜悯它们，以至于事后有报道说：大象这样做并非偶然，它们因受伤而哀号，是在控诉它们从非洲渡海而来时所相信的誓言遭到违背，并在向天神祈求复仇。因为据说在开始这趟旅程时，它们曾得到"保证不受到伤害"的宣誓承诺，否则它们是不会上船的。[91]

　　但很少有观众反对这类公开的屠杀。竞技场在安排座位时，将观众安排在远离杀戮场地的高高的阶梯上，这是一种与屠杀保持距离的安全机制。基思·霍普金斯认为，民众的群聚心理可能在一定程度上免除了个体对竞技场活动的责任，或是（并且）让观众有机会认同胜利而非失败。残暴是罗马文化中不可或缺的一部分，在严格的父权社会中，主人对奴隶有绝对的控制权，父亲对生死有绝对的权力，帝国后期建立了由国家控制的合法暴力机器，并在公元2世纪开始实行死刑。[92]此外，罗马公民几个世纪以来一直是战争的积极参与者，角斗比赛的流行是战争、惩戒和死亡的延续。公开处决的作用是提醒人们，那些背叛国家的人将会立即受到严厉的惩罚，公刑会重新建立道德和政治秩序，并重塑国家的权力。[93]

这些竞技活动非常受欢迎。基于K.M.科尔曼的理论，罗马人究竟有多喜欢观看竞技场比赛，证据不仅在于竞技场运动本身持续了四个世纪，还在于他们在日常生活中多么喜欢观看这些图画。对于竞技场场面的视觉表现不论是在廉价物品上，还是在富人的艺术品中，都是标准化的图像。描绘竞技比赛的马赛克装饰品出现在别墅的地板和墙壁上，也出现在灯具、陶瓷、宝石、葬礼浮雕和雕像等家用物品上。[94]例如，描绘在一个罗马灯具上的场景，说明了人与动物之间这种开创性的敌对局势是具有广泛吸引力的：一名囚犯被绑在平台顶上的木桩上，一头狮子冲上斜坡向他扑去，却只停在差一点接触到囚犯的位置。这种结果的不确定性，动物被激怒时的狂躁，以及观众的兴奋与享受都被大大增加了。[95]

通过对罗马竞技场场景的视觉传达进行广泛的研究，谢尔比·布朗认为，罗马国内使用马赛克镶嵌来表现事件，说明了罗马人对制度化暴力的态度。马赛克图案所描绘的血腥、惊恐和死亡的画面不仅装饰了富人的房屋，而且还强调了观众与动物（以及被剥夺公民权的人类）死亡之间的距离。[96]在北非和高卢有繁荣的马赛克工业，在那里的私人住宅和别墅中，马赛克艺术对特定事件的再现被保存得格外完好。马赛克艺术通常表现的是被杀或即将被杀的动物或人类，而大多数匹配特定房屋或别墅的竞技场马赛克都装饰在接待室餐厅里。布朗认为，以马赛克表现动物的作品，包括四种不同的情境：不活跃或平静的动物、活跃但不实施攻击（或逃跑）的动物、肉食动物和其他强壮的动物正在攻击食草动物，以及具有同等攻击性的动物正在相互进攻。恐惧和痛苦表现在动物的表情和身体姿势上：熊、猫科动物和狗的耳朵向后趴，面部表情龇牙咧嘴。与表现出痛苦、恐惧或凶恶愤怒的动物不同，人类则是面无表情，突出一种冷静镇定的情绪，是不遮面的角斗士，以及在乡村地区骑马的猎人们，在捕捉竞技场动物时或因参与斗兽竞赛而杀戮时通常带有这种表情。[97]

在表现发生在舞台上的狩猎表演的作品中，人兽交锋的画面会被设计定格在人类即将获胜的瞬间，着重表现致命一击，即在动物濒死前的惊险时刻，长矛从动物身上刺出，鲜血滴落在地上形成血泊。[98] 在整个地中海地区的马赛克装饰中，也有类似的表现宰杀动物的作品。在西西里岛阿尔梅里纳的一栋古老别墅中，地板上的马赛克图案描绘了在北非猎捕的野生动物乘船前往罗马，并在竞技场上死亡的故事。一幅来自突尼斯的马赛克装饰画表现了两名囚犯，他们的手臂被绑在身体两侧，被身穿防护服的竞技场侍从推向猛兽，其中一名囚犯被豹子抓伤了脸，另一名囚犯则惊恐地瞪大眼睛看着攻击他的动物。[99] 一幅来自利比亚兹利坦的马赛克画描绘了一个手持鞭子的男人煽动控制着动物，他正抓着受害者的头发将其扔向一头狮子；另有两名受害者被绑在有轮子上的木桩上，木桩上有长长的把柄，这样就可以将囚犯赶向动物。[100] 兹利坦的马赛克画说明了一场表演的复杂性，它是由众多"小型表演"同时进行而组成的奇观。马赛克表现了人类和猎狗在狩猎场景中杀死马匹、羚羊和野猪，一头公牛和一头熊被锁在一起相互打斗，三个人被狮子和豹子虐杀，所有这些表演进行时还有管弦乐队在伴奏。[101]

诱使人类和其他动物进行斗兽游戏和娱乐，并非始于罗马竞技（也没有终结于此）。公元前510年塔尔奎尼亚一座墓中的几幅伊特鲁里亚壁画描绘了一个叫"佩尔苏"的"兽王"，出现在描绘血腥争斗的场景中，这些争斗有的是在人与动物之间进行的。[102] 其中一幅画里，戴着面具、留着胡须的佩尔苏身穿五颜六色的上衣，戴着圆锥形的帽子，正在鼓动一只恶狗攻击一名手持棍棒、头上套着麻袋的残疾人摔跤手。佩尔苏拿着一根长长的绳索，打算在狗发起攻击时缠绕住对手，并撕开鲜血淋漓的摔跤手的衣服。人们认为这一幕描绘的是一个葬礼，在葬

图16 一名运动员在跃起的公牛背上优雅地翻过。克诺索斯宫殿的壁画，米诺斯，约公元前 1450—前1400年。

礼中，上演这些运动和竞技比赛是惯例。罗马人认为自己的角斗士表演是对这些伊特鲁里亚葬礼争斗传统的继承。[103]

　　此外，从公元前2600年左右开始，一直到公元前1600年左右，斗牛场景的图案是中古埃及墓葬中流行的装饰。斗牛图案既与古埃及的农耕生活有关，也与称颂逝者战胜另一位领袖候选人的悼词有关。[104] 老普林尼声称，古希腊的塞萨利亚人将杀牛开创为一种比赛，他们骑马与公牛并驾齐驱，抓住牛角扭断牛的脖子；恺撒大帝在罗马也举行了类似的比赛。[105] 有证据表明，公元前1450年，在克诺索斯，公牛出现在米诺斯人的跳牛比赛中。跳牛似乎是米诺斯人的一种体育娱乐形式，它展示了敏捷、勇敢和力量。现存的跳牛图（见图16）表明，不论男女都可以参与到这项运动中，并且没有证据表明公牛或人类在这类运动中受到了伤害。不过很明显，跳牛是竞技场人兽搏斗的先声，且其产生必定远早于西班牙斗牛比赛。

34

动物园和外来动物

在动物园里，动物们也是在被动的环境中被展示的。随着城市的兴起，早期的动物园应运而生，并为管理动物提供了大量的熟练工人和工匠。[106] 此外，直到城市出现并发展，与野生动物的接触才成为一件新奇的事情，因此城市的兴起使人们更加向往野生和自然，动物园成为一种与野生动物接触的"艺术形式"。[107]

有关埃及外来动物的最早证据，来自公元前2446年的一座石灰石墓葬，其中雕刻着三头叙利亚熊。这些熊脸上带着微微的笑容，脖子上套着项圈，被人用短绳拴在地上，很可能是埃及人前往腓尼基海岸的贸易远征队捕获的，或是通过与亚洲人贸易所得来。[108] 大量画着被异邦人用绳索牵着的驯服的叙利亚熊的插图，发现于底比斯人的墓葬墙壁上，人们认为它们是被当作珍奇异兽带到埃及的，但没有证据表明它们是表演动物——据记载埃及的第一只会表演的熊曾在罗马帝国时期表演了跳舞。[109] 大象作为外来动物中的表演者非常受欢迎，罗马人对它们的智力印象深刻。根据老普林尼的记载：

> 对于大象来说，向空中抛出武器（风不会对它们造成任何影响），互相进行角斗比赛，或是一起跳着轻快的战舞，都是很平常的把戏。它们甚至还可以走钢丝，一次四头，抬着轿子，轿子上坐着一个假装临盆的女人；或是在拥挤的餐厅里从沙发间走过并找到自己的座位，它们小心翼翼地走着，以避免撞上正在喝酒的客人。还有一件事广为人知，曾有一头大象在理解执行命令方面有些迟钝，经常被人用鞭子抽打，人们发现它竟然在晚上独自练习。大象甚至能爬上面前的绳索，更让人惊奇的是，当绳索倾斜时，大象还能再走下来！穆西阿努斯（曾）在波佐利看到，大象在航行结束被赶上岸时，因为害怕从陆地伸出来的长长的跳板，它们会转过身来倒退着走下船，以试图告诉自己"这条路并不长"，从而减轻恐惧。[110]

哈特谢普苏特女王（公元前1495—前1475年）组织的索马里探险队将珍稀的动物和植物运回埃及。壁画中描绘的异国动物和动物产品包括狒狒、豹子、猎豹、猴子、长颈鹿，以及象牙、长颈鹿的尾巴和鸵鸟蛋。[111]其中一些动物会住进女王的宫廷动物园，或是成为王室成员——一幅壁画上画着一对漂亮的猎豹，它们戴着项圈，被人用皮带牵着走。哈特谢普苏特女王的继任图特摩斯三世也拥有令人印象深刻的外来动植物收藏，据说那些藏品是在远征西亚的军事行动中带回埃及的。在卡纳克神庙的墙壁上展示了大约275件植物标本、38只鸟类、13只哺乳动物，甚至还有一只小昆虫——可以说是一个"石头上的自然历史博物馆"。[112]虽然大多数植物是为了表现那些陌生的异域环境而想象出来的，但动物们却与埃及传统图画中的动物相似，包括外来物种和常见的农场"怪胎"，比如双尾牛和三角牛。[113]

埃及国王托勒密一世（公元前367—前280年）和托勒密二世（公元前309—前247年）建立了一个研究机构——亚历山大博物馆，其中有一个大型动物园，展出各种外来物种，如大象、羚羊、骆驼、鹦鹉、豹子、猎豹、1只黑猩猩、24只巨型的狮子、猞猁、印度水牛和非洲水牛、1头犀牛、1头北极熊，以及1条45英尺（13.716米）长的蟒蛇。[114]这些藏品是通过特殊的远征获得的，比如哈特谢普苏特女王的探险队，以及作为印度和希腊的商人和大使们进献的礼物。奥古斯都皇帝征服埃及时，他很可能把托勒密动物园的动物带回了罗马，并在竞技场上杀死它们，以庆祝自己的军事胜利[115]。

罗马人还喜欢把注定要走上竞技场的动物放在被称为"动物饲养园"的关押区中观赏，还有一些动物会在罗马城不屠杀动物的庆典和比赛中展出。[116]唐纳德·休斯指出，在古罗马，对血腥的渴求和对科学的好奇心是并存的。生活在公元130年至200年的古代名医盖伦记录说，大象（可能还有其他物种）在竞技场上被杀后，会被医生解剖以满足解剖学研究的需要。[117]盖伦也被称为"运动医学之父"，从公元157年到161年，他作为角斗士的医生，积累了许多创伤和运动医学的经验。[118]

36

亚里士多德（公元前384—前322年）在动物生物学和动物学的著作中描述了300余种脊椎动物，这些都是基于对希腊动物园中圈养动物的观察，而这个动物园是由亚里士多德的学生——亚历山大大帝建造的。亚历山大在远征途中会把动物标本送到希腊，亚里士多德可能也参与了这些动物的解剖。[119] 希腊人展出了各种各样的小型珍兽，普通人想要参观这些收藏品会被收费，这是历史记载中最早的观赏动物展览的"入场费"。[120] 希腊人普遍对动物保有科学兴趣：他们用圈养的鹑类小鸟做实验，学校的孩子们也会实地观察收集到的小动物。[121]

虽然在竞技场上观看斗兽比赛是罗马人最喜欢的消遣，但他们也喜欢观察鸟笼中、农场上和小公园里的动物。事实上，他们喜欢在不同环境中观赏动物，这就为满足罗马人对精致繁复景观的痴迷提供了机会。例如，老普林尼记录了一次亲身经历，介绍了皇帝克劳狄是如何自发举办一场对抗受困鲸鱼的奇观的：

> 有人在奥斯蒂亚港看到一头虎鲸……。它在……（克劳狄）建造港口时，为贪吃从高卢进口的皮货船残骸而游至浅海。这头虎鲸吃了很多天的皮革，将浅海的海床划出了一道沟，随着厚厚的沙子被海浪冲刷到近海，以至于它完全无法转身；它的背像一条倾翻了的船一样立在水面上。克劳狄下达命令，在港口的入口处支起了许多网，并亲自与禁卫军一同出发，为罗马人民献上了一场表演。当虎鲸跃起时，士兵们从船上向它投掷长矛；我看到有一艘船被鲸鱼喷出的水灌满后沉没了。[122]

陆地和水上的舞台表演共同组成了"多维奇观"。[123] 有很好的实例可以使人了解这些古人精心制作的水陆奇观，K.M.科尔曼对其进行了详细的描述。[124] 为了庆祝公元80年弗拉维安圆形剧场的落成，提图斯在场中灌满水，并举办了繁复的水上表演，包括海军的海战、海洋背景下的神话再现、水上宴会，根据迪奥的说法，马、公牛和其他驯养动物学会了在水里表演在陆地上能做的所有事情（尽管可能只包用后腿翻腾和踏正步）。公元前2年，奥古斯都在弗拉米尼乌斯马

37

戏团展出并放生了36条鳄鱼，这些鳄鱼被网在挖好的水池里，被拖到观众看得见的平台上，然后再被放回水里；[125]另一则报道说，这些鳄鱼在展出后立刻被处死了。[126]尼禄在一个木制的露天剧场中灌满了海水，并用鱼和其他海洋动物装满了整个剧场，上演了一场雅典人和波斯人之间的模拟海战；"海战"结束后抽干海水，步兵进入剧场继续战斗。虽然有人质疑这些"水上表演"根本不是在水中进行的，而仅仅是模拟演出，许多报道中的奇观可能是在观众看不到的、微微浸没在水下的平台上进行的。[127]

古人对大自然的景象非常着迷。他们认为动物天生是暴力且具有攻击性的，观看它们的战斗行为是与人类十分相称的活动。[128]事实上，观看动物之间的对决，对于老普林尼来说是一种享受，他喜欢在对动物生理学和行为学的百科全书式的叙述中，详细地描绘这些自然奇观。以下是他对一头大象和一条巨蛇之间搏斗的描述：

> 每一种动物为其自身利益所表现出来的聪明才智都是很奇妙的，但这一点在这些（大象）身上更是如此。龙（一种巨大的蛇）要爬到这么高的地方很困难，它在捕食时在路上留下痕迹，之后会沿着这条路飞冲下来。大象知道自己完全无法抵抗蛇的缠绕，因此会寻找树木或岩石来摩擦自己。龙对此保持警惕，并试图阻止它，首先用尾巴卷住大象的腿，而大象会用鼻子来努力挣脱。然而龙会钻入大象的鼻孔，同时屏住呼吸，去攻击象最柔软的部位。如果与大象在路上不期而遇，龙就会立起身子，从正面攻击它的对手，尤其是伤害对方的眼睛；这就是为什么许多大象被发现是瞎的，并因饥饿和痛苦而瘦得皮包骨头。如果不是大自然希望通过让这样的对手相互对立来彰显自己的强大，还有什么理由可以解释这样强大争斗的存在呢？[129]

在另一段记录中，老普林尼还记述了人类和海豚合作捕鱼的壮观景象：[130]

38

海豚与人一同在一个湖泊中捕鱼，有许多鲻鱼从湖里游入海中，全速向深水区游去，在那附近的海湾中有唯一的一个入海口，也是撒网捕鱼的绝佳位置。一旦渔民察觉到这一点，所有的人——因为许多人都向那边驶去，清楚地知道什么时机是适当的，并且格外渴望与他人分享喜悦——立刻尽可能大声地喊叫。而海豚们比人们想象得更快，已经就位待命，随时准备提供帮助。人们看到它们快速赶来，在"交战"即将开始时立即摆好阵势，切断所有逃往大海的通道，并将惊恐的鲻鱼赶回浅水。渔民们随后撒下渔网，用叉子叉住渔网的两边，然而鲻鱼以难以想象的敏捷跃过了渔网；不过在另一边，海豚正严阵以待，在当下只要杀死鲻鱼就好，填饱肚子的事就放到得胜之后吧。战斗迅速升温，海豚竭尽全力继续向前游，很容易将自己也困在渔网中；但为了不让敌人发现已经被包围的事实，海豚在船和渔网之间，或者在鱼群之间滑行，不给鲻鱼任何逃跑的机会。海豚们并不试图通过跳跃逃脱渔网，尽管这在平时是它们最喜欢的娱乐，除非，事实也正是如此，渔民们故意为海豚们放下了渔网；随后，渔网被拖出水面，战斗仍在继续，直至被拖进城墙之内。最后，捕猎活动完成，海豚就会吞食那些被它们杀死的鲻鱼；它们很清楚自己给予渔民们帮助的重要性，回报不会只有一天，所以海豚小心翼翼地等到第二天，到时候它们不仅有鱼肉吃，还会有浸泡过葡萄酒的面包屑作为犒赏。[131]

公元79年，55岁的老普林尼在维苏威火山的爆发中英年早逝，他那些对动物生理和行为的精细描述也因此中断。为了近距离观察火山，他乘小船前往斯塔比亚，上岸后就被硫黄烟气熏倒。[132]老普林尼是一位多产的作家，留下了大量的作品。根据小普林尼的说法，老普林尼的一生总是在工作，几乎不眠不休，为了节省旅途中的时间，他选择乘轿子代替步行走遍罗马；任何没有用于工作的时间，在他看来都是浪费。在依赖别人的观察记录作为教学素材来源的中世纪，老普林尼的工作产生了很大的影响。由他的第一手观察材料，如对奥斯蒂亚港的鲸的记录，在后续的1100年里，确实是仅有的一次基于观察真实动物而得来的书面视觉记录。

第3章

中世纪，公元500—1400年

将目光转向马是我们开始讨论中世纪动物的一个好的方式。当时的社会体系架构最初是出于供应和维持"马背上的战士"——"封建主义"的军事考虑，所以马就成了体系中最有价值的动物。[1]在8世纪中叶，高卢的农业经济依赖于大面积的土地，骑兵们只能靠土地禀赋来支持，土地拥有者将土地交给他的人民来耕种，相应地，人民则需要成为地主的骑兵。[2]拥有一匹训练有素的战马是身份的标志，每个贵族都拥有一匹马常伴左右。[3]马和骑手之间的亲密关系在许多中世纪的叙事中都有记载，比如：圣人的马在它忠爱的主人死后也选择结束生命；疲于战斗的侯爵不慎连同他的马一起滑入深谷，在被长矛和箭矢射中后一同死去；无数的贵族在他们最擅长的事——"骑马"中丢掉性命，或战死沙场，或在狩猎时丧命。[4]

虽然战马是中世纪社会的核心，但在中世纪的欧洲，马的另一种用途却彻底影响了经济和人口的增长，那就是马力在农业上的应用。自从犁发明以来，人们一直使用耕牛劳作，但它们工作的速度很慢。在法国，马在12世纪末就已取代牛成为主要的役用动物，而在英国，耕牛一直使用到中世纪晚期（见第54页图17）。林恩·怀特认为，英国的这种"技术滞后"在一定程度上是由于农民们在"领地契约"下非自愿地勉强从事农耕而故意"放慢速度"的结果（见第55页图18）。在13世纪的法国，土地的占有方式正从庄园劳务转向租借制度，而在英国，旧的

40

41

图17　农夫用犁套着四头牛，《卢特雷尔诗篇》的装饰性底页，东盎格利亚，约1325—1335年。大英图书馆，伦敦。

剥削制度却在复兴；用一位中世纪农业作家的话说："农夫的恶意不允许马拉的犁比牛走得更快。"[5]

正如用马代替牛作为运输动物彻底改变了古代世界的生活一样，马代替牛成为主要的耕地动物，极大地改变了11世纪农民的生活。马镫可以帮助战士们维持骑马的稳定性，同样地，要让马成为有效的役用动物，还需要特殊的装备——不会令马窒息的马具，以及钉好的马蹄铁。林恩·怀特描述了中世纪马匹动力发展过程中马蹄铁和马具的革新，[6]虽然希腊人和罗马人给马穿上马凉鞋和一种用金属丝连接的拖鞋，用来装饰，或是治疗受损的马蹄，但他们的马并没有真正戴上马蹄铁。公元9世纪，钉马蹄铁的技术发明解决了在北欧潮湿的气候下马蹄变软、易折断的问题；到了11世纪，即使是农民也可以轻松地给马钉上铁质马蹄。但是，正如怀特指出的，"即使是一匹钉上马蹄铁的马，如果没有合适的挽具来利

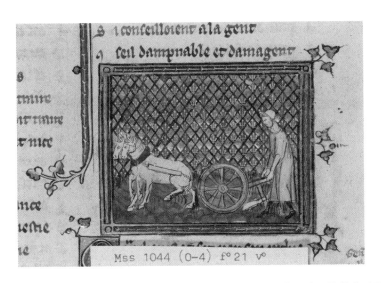

图18 为生活而工作的人：两匹马佩戴着软垫项圈马具和铁马蹄，拉着轮式犁。
法国学派，14世纪，羊皮纸，作者克雷蒂安·勒古阿伊斯。市立图书馆，鲁昂。

图19 安布罗吉奥·洛伦采蒂（约1311—1348年），壁画中的细节展示
了国家善政的效果。市政厅，锡耶纳。

用它的拉力，也无法对耕作和拉车起到帮助作用"。在9世纪，人们驾驭马匹的方式是使用硬垫项圈，而不是耕牛用的勒在脖子上的轭具。[7]怀特提到，古代马匹的挽具很不理想，其两端分别连接着两条可伸缩的带子，环绕马腹和马颈。当马匹拉着货物前进时，皮带会压住它的颈静脉和气管，使可怜的动物窒息，并阻断其血液流动。而项圈式马具则是放在马的肩膀上，除了让马有顺畅的呼吸和血液循环外，项圈还直接与负载物相连，使马能够全力拉拽。[8]

装备了马蹄铁和其他马具的马不仅耕作起来更加容易，还能把货物运到市场，农民们也可以骑马从市区回到居住的远郊。[9]在运货去市场这方面，马比驴子好用（见第55页图19）。作为主要的农业动物，马是农业工人城市化的核心，特别是在北方地区，那里的气候条件允许人们采用三年轮作的农耕制度，这种制度对于生产养马所需粮食（特别是燕麦）的数量和质量非常必要。[10]

44

关系的改变

中世纪的农业和技术革新也让人们对自然的态度发生了实质性的转变。根据林恩·怀特的说法，当人类只能使用刮犁在有限的一块土地里耕作、收获的粮食只够维持一个家庭单位自给自足时，人类便自然而然地成为自然的一部分。随着重型犁在北欧的出现，中世纪的农民将牲畜集中起来一起耕种，形成了一个合作的犁队。如此一来，土地便根据农民对团队的贡献来分配，合作耕作也鼓励根据耕种能力而不是家庭需要来分配土地。[11]怀特认为，对基督教的宗教信仰也改变了人们对自然界的态度，它打破了人们的"自然是灵性的"这一假设，并鼓励人类探索自然，开发自然。[12]

到了中世纪后期的欧洲，人与动物的关系发生了根本性的变化。随着越来越多的土地被开垦，荒原逐渐减少，森林的大小不再根据它能养活的猪的数量来估计，圈地取代了乡村的空地，动物被圈养在靠近村庄的地方。[13]动物的皮、毛和肉等的需求量也很大，因此，羊变得尤为重要。羊毛的价格被认为推动了土地从耕地到草场的转换，因为只需要一两个人就可以轻松地放牧数百只的羊群。[14]在被宰杀之前，绵羊可以连续多年产出优质羊毛，价值数十亿英镑的羊毛被出口，到14世纪中期，王国收入的5%来自羊毛的出口税。[15]

虽然在整个中世纪，特别是在法国，马肉在欧洲人的饮食中占了相当大的比重，[16]但英国人却不喜欢食用马肉。[17]马饲料昂贵，而且老马的肉质很柴，只能被端上农民的餐桌（而且农民们对富人摒弃的食物很反感），但最重要的是，马被视为贵族，被认为与人类太过亲近而不能用来果腹。[18]此外，禁止吃马的规定只约束了教士和贵族而非农民，这种差异也反映了人们对乘骑用的马和劳作用的马的不同态度。[19]骑马使人与动物有了近距离的肢体接触，这种亲密关系是农民和他的役用动物所体验不到的；马常常被拟人化，被认为比那些通常被当作肉质来源的猪或牛更"有灵性"（见图20）。[20]

图20　膘肥体壮的猪在12月里被宰杀食用，《时祷书》中的插图，15世纪末，法国鲁昂。维多利亚和阿尔伯特博物馆，伦敦。

45　　　中世纪的动物通常被人格化，甚至被赋予了精神特征。例如，在巴伐利亚，为马举行弥撒是很常见的，而法国人在庆祝驴子节时，会先让一头驴子从教堂走过，随后再进行全城游行。[21] 农民们尝试用圣水治疗生病的马匹，妇女们则会用燃烧骡蹄产生的烟雾熏下体以期达到避孕的效果。[22]

　　　但是，除了这些表现动物人格化和超凡性的例子之外，中世纪还注重保持人与动物之间的鲜明区别。这种人类本位说在13世纪巴塞洛缪斯·昂利居斯的百科全书著作中得到了很好的表达。在他的著作《事物本质》中，他主张所有的动物都生来为人类所用——鹿和牛是用来食用的，马、驴、牛和骆驼是用来奴役的，猴子、歌唱的鸟和孔雀是用来取乐的，熊、狮子和毒蛇是为了提醒人类上帝的力量，而虱子和跳蚤的存在是为了提醒人类自身的脆弱。[23]

46　　　　　　　　　　　**动物、道德和性**

　　　动物形象经常被用来传递道德准则和传授宗教教义。对于既不能读也不能写的教众来说，宗教教义可以通过视觉表达有效地传达。[24] 如何通过动物形象的象征意义来传授基督教教义，动物寓言集（或称为"兽皮书"）中可以发现一些绝佳的例子。动物寓言集最早出现于公元9世纪，在12世纪到14世纪之间达到了流行的顶峰，它是从公元2世纪亚历山大时期的希腊文著作《生理学》演变而来的。[25] 尽管《生理学》并非基于直接的观察，而是借鉴了亚里士多德和老普林尼等人的经典著作，但它描述了动物的所谓自然特征，然后根据基督教教义将每一种动物寓言化。[26] 动物寓言集在《生理学》的基础上进行了扩展，利用真实的和幻想的动物来说明道德、民俗和基督教义。[27] 图21为我们展现了一个运用动物来传达民俗和基督教义的例子：山顶上，两只狮子盘旋在一只躺在地上了无生气的幼狮身体上方。根据寓言集传说，幼狮在出生时是没有生命的，它的父亲（有些说法是母亲）必须在三天后向幼狮的脸上吹气，才能使其"复活"。人们认为，这个意向映射了耶稣被钉死在十字架上直到复活之前的那三天。

图21 幼狮正被雄狮的气息赋予生命，出自《动物寓言集》，约1270年。保留·盖蒂 47
博物馆，洛杉矶。

图22 一只鬣狗啃食敞开的棺材里的尸体，出自《动物寓言集》，1200—1210年。大英图书馆，伦敦。

　　动物寓言集中还使用动物形象来传达强烈的性信号。书中不论是对动物还是人类的性的提及，书页间都充满了道德教训：动物的自我阉割被描绘成基督教的独身行为，一生只有一位伴侣的大象被认为是忠贞的，鱼因不与非同族的生物发生性关系而受到称赞，驴和马的杂交是罪恶的性习惯，而蜜蜂的无性生活则允许了一种群居且忠贞的生活方式。[28]"海中妖女"的故事强调了女性性行为的危险性，这些人鱼杂交的海妖将水手从船上抢走，并与他们发生性关系。[29]

　　中世纪对道德和性的描述中，鬣狗占有特别重要的地位。借鉴了古典文学中对动物生理与行为特征的经典描述，动物寓言将鬣狗描绘成不洁且狡猾的动物，因为它被认为具有变性的能力（在有斑点的鬣狗种群中，雌性和雄性的性别差异不明显，阴蒂和阴茎的大小几乎同样）。[30]众所周知鬣狗是食腐动物，所以"因无法被常规地归类于捕食者或是猎物而受到贬低"，[31]它们在动物寓言中常常被描述成以人类尸体为食的盗墓者（见图22）。

动物和被贬低的人类

48

犹太人曾被认为是以反基督教教义为食的怪物，在动物寓言集中，鬣狗被形容为罪恶的双性动物，便是对犹太人的影射。[32]在一篇讨论中世纪动物寓言集的性问题的文章中，德布拉·希格斯写到，中世纪的反犹主义经常出现在寓言的象征意义中，对女性的敌意也是如此。厌女和反犹主义的意象与有关动物的图片和叙述同时存在，这些文字"尽管是作为道德指导来推销的"，实际上是"对女性和犹太人的敌意的表达"。[33]动物寓言中的女性性行为通常与毛茸茸的小动物联系在一起，比如松鼠和猫，并且通常与卖淫行为有关。正在梳头的海妖（在镜子前梳头在中世纪被看作是情欲之罪的象征）被画在以好色习性著称的半人半兽的半人马旁边。[34]

犹太人和妇女并不是仅有的被恶意贬低而与动物联系在一起的中世纪群体。保罗·弗里德曼提到，农民也被比喻成动物，而奴役往往与罪恶和兽性密切相关。[35]农民的外貌被画成动物的样子（牙齿像野猪，鼻子像猫，口吻部像狼）；农民的行为举止被描述为蠢笨、鲁莽，并与粪便联系在一起；农民的劳动被看作与家畜无异，有用但需要强迫，正如弗里德曼所指出的那样，人们普遍认为农民像驴子和傻子一样，必须在殴打之下才能努力工作。[36]

49

驯 化

并非所有对中世纪动物的描述都具有象征性，或是与宗教、羞辱或堕落有关。虽然很罕见，但仍有一些关于中世纪动物、奴仆和贵族日常活动的视觉记录留存下来。例如，《卢特雷尔诗篇》页边栏的空白处填满了家庭场景的图画，这是一本可追溯到14世纪中期的插图祷告书，为我们提供了极好的英格兰中世纪农村生活的图像信息。《卢特雷尔诗篇》中有许多自然图画，描绘了日常活动中的动物，它们既是诗集配图的主要主题，也是手稿空白处的补白与装饰。[37]在这些画中，狗或骚扰商贩，或追逐飞鸟，或凶悍地守护自己的主人，趴在女人的腿

图23　拥挤的羊圈，出自《卢特雷尔诗篇》，东盎格鲁亚，约1325—1335年。大英图书馆，伦敦。

上；猫在骚扰鸟类，兔子逃离被狐狸袭击的兔场，而另一只狐狸嘴里叼着一只死鸭子正小步跑过。画家们对动物的描绘非常逼真：人们可以轻易辨认出公牛的胡须和粗鼻，野猪竖起的鬃毛，牛、马等役畜蹄子上沉重的蹄铁，以及羊圈里拥挤的羊群。详细描绘中世纪羊圈细节的插图是《卢特雷尔诗篇》中最著名的图画之一（见图23）：20只羊挤在一个四角用绳子固定的羊圈里，一个女人正在挤奶，一个男人在给另一只羊喂药。两名妇女从羊圈里走出来，头上顶着装满羊奶的容器。

　　中世纪的人类和动物亲密地生活在一起。基思·托马斯认为，在中世纪英格兰的许多地方，人们与耕牛共同生活。人与牛一起居住在"长屋"里，一直到16世纪，才开始用墙、独立的入口，或是在农田里建造单独的建筑，将牲畜单独隔开，分开居住。[38]罗伯特·戈特弗里德写到，中世纪的人经常从动物身上感染疾病，动物在流行病传播过程中扮演着重要角色；人类与犬类共患 65 种不同的疾病，与牛共患病有 50 种，与山羊和绵羊共患病有 46 种，与猪共患病有 42 种，与马共患病有 35 种，与老鼠共患病有 32 种，与家禽共患病有 26 种。[39]

动物、人类和瘟疫

50

  1347 年从西西里岛蔓延开的黑死病，普遍被认为是人与动物密切接触造成的。携带鼠疫杆菌的跳蚤寄生在黑鼠的背上，而黑鼠又生活在农家的茅草屋顶和城市住宅的黑暗角落和房梁上；携带病菌的跳蚤也可以寄生在除了马以外的所有家养动物和谷仓牲畜身上（跳蚤不喜欢马的气味）。[40]

  黑死病早在此前 100 年就已开始传播，当时自然环境的变化，让中世纪欧洲的气候条件变得寒冷、潮湿，昆虫、啮齿动物的生活环境也随之改变。罗伯特·戈特弗里德针对"黑死病之前的环境变化对社会和农业的影响"这一课题进行了分析，他强调了恶劣天气对农业生产和畜牧业的有害影响[41]，农田越来越稀少，粮食储量随之减少，土地被过度开垦为高产的小麦田，到 13 世纪末，人口的增长超过了粮食产量的增长。随着气候的恶化，13 世纪末的欧洲暴发了一系列饥荒。到了 1315 年，整个欧洲都在挨饿，克莱夫·庞廷描述了大饥荒的广泛影响：[42] 由于恶劣的天气条件和粮食的低产，小麦价格飙升，即使是有权有势的人也买不到食物。饲料耗尽，使得大量牲畜被杀，动物疾病肆虐，在 1319—1322 年的 4 年时间里，欧洲一些地区有 70% 的绵羊和三分之二的牛被杀死。饥寒交迫的农民在乡间游荡，人们为了填饱肚子，使用了更加令人绝望的办法，他们将鸽子和猪的粪便混在面包里一起吃掉，还会吃病死动物的尸体，这又导致了新的疾病暴发[43]。1348 年黑死病在欧洲肆虐，对人类社会带来了毁灭性的打击，大量人口因此丧命。

51

  最近，有一种关于人与动物关系的说法，作为对中世纪瘟疫暴发的一种解释而广为流传，即人类吃了被污染的动物肉。动物学家格雷厄姆·特威格认为，

1348年席卷英国的瘟疫是一种罕见的致命炭疽病毒在作祟。[44] 随着越来越多的土地被开垦，野味的供应减少，欧洲人为了获得红肉，转而在拥挤的条件下成群地饲养肉牛。鼠疫就是在食用其他动物肉的过程中传播的。诺曼·坎托引用了两份与黑死病密切相关的中世纪牛瘟的研究报告[45]。第一份报告来自爱丁堡附近的一次考古挖掘，在一座中世纪医院外的一处黑死病患者的集体墓地中，研究人员从一个人类粪便池中发现了三个炭疽孢子。第二份报告是一份同时代的文件，该文件声称，在黑死病发生前的几年里，当地市场上出售的是死于鼠疫的牛的肉。用坎托的话说："吃受污染的病牛肉是人类感染黑死病的一种方式，就像科学家们认为，在今天的刚果共和国食用黑猩猩肉的行为是20世纪30年代东非艾滋病的始作俑者。以及，疯牛病也是因为人类食用受污染的肉而被传染上的。"[46]

狩 猎

野生动物的相对稀少，不仅导致更多人消费那些饲养在封闭空间里的动物，而且还促进了供贵族狩猎使用的公园和封闭林地的建立。在中世纪欧洲，已知最早的围猎场建于公元7世纪，它体现了封建的社会组织、土地所有权的重要性以及在土地上行使权利的情况。[47] 根据琼·比勒尔的说法，皇家御林和私人鹿苑实际上是用于狩猎野生动物、放牧家畜和采集木材等珍贵资源的多功能围场。[48] 在13世纪，鹿被养在公园里，与动物们自然生存其中的森林环境不同，在公园里，为了在狭小的封闭区域内为大量动物的生存提供食物和庇护，人为干预十分必要。[49] 公园里养鹿的做法包括在冬季为动物提供鹿舍或棚屋，禁止其他动物在公园内游荡以保护本就不多的自然资源，并在食槽里提供干草和燕麦供其取食。此外，虽然在御林和私人鹿苑中的狩猎权受到严格的管制，只有皇室成员和鹿苑主人才有资格打猎，但大多数打猎的行为是由仆人或受雇的猎人进行的，随后将猎物送到主人的餐桌上。[50]

与古代一样，中世纪的狩猎也是一项精英活动，是衡量体力和精神耐力、军

52

图24 猎人们手持号角，驱使猎犬猎鹿。出自15世纪早期的法国手抄本。大英图书馆，伦敦。

事技巧的标志，也是观赏者的运动。中世纪的狩猎方式多种多样。玛塞勒·蒂埃博克斯提到，对付猎物，人们有徒步跟踪、用伪装的马车慢慢接近、挖陷阱、赶进捕网、纵鹰狩猎等方式。在所有的狩猎方式中，骑着马、驱赶猎犬去追捕鹿，被认为是最高贵的一种。[51]有许多图画描绘了中世纪狩猎，及狩猎队出征的仪式和准备工作（见图24）。

　　贵族的狩猎是一项高度仪式化的活动，参与者和观众都会精心地展示。狩猎活动中，君主被众人追随簇拥，这为贵族们提供了热情的观众，而长时间的狩猎可能会让整个宫廷中的仆人全都参与进来做一些杂活，比如在夜间架设蚊帐。[52]狩猎也是中世纪妇女的一种消遣。一份14世纪早期的手稿描绘了一个只有女性参加的狩猎聚会，穿着考究的女人们用弓、箭、猎犬和马匹来猎杀鹿。[53]在一篇关于中世纪狩猎仪式的文章中，蒂埃博克斯描述了追捕、屠戮、肢解和剖开雄鹿的过程。[54]首先，狩猎队聚集在森林中一边聊天、吃东西和享受自然，一边确认鹿

53

的位置，并将该地区标记为"已被侦察"，以防止其他猎人进入。号角声一响，狩猎队出发追击，将雄鹿从森林里赶到旷野开阔地。奔逃时，鹿身上的汗味和口中的泡沫味让猎狗更加兴奋，雄鹿会跳入溪流中降低体温并借此来掩盖自己的气味。这一跳往往预示着追捕已到尾声。当雄鹿的体力被彻底耗尽，它会突然转过身来面对包围自己的猎狗，这时猎人就可以用剑从肩后刺入它的心脏，或从角和颈部之间的位置刺穿它，切断脊髓，将其杀死。在开膛仪式之前，狗有一段时间可以自由地接触动物的身体。肢解雄鹿时人们会将死去的鹿仰面朝天，将鹿角插在地上。鹿的右蹄被砍掉后交给狩猎队中级别最高的人，睾丸被切除，尸体被剥皮。兽皮留在尸体下面盛接鹿血，人们剖开鹿的肚子，取出内脏，要么留着以后吃，要么由受人尊敬的队员立即吃掉，最后肢解腰腿肉和头部。在整个仪式中，猎人喝着酒，吹着号角，继续着狩猎的呐喊。作为最后的奖赏，狗可以吃到放在兽皮上的乳头或浸满鹿血的面包（见图25）。最后，剩下的尸体被捆绑起来，在

54　图25　德文郡狩猎挂毯中的一只死鹿细节，荷兰，15世纪。维多利亚和阿尔伯特博物馆，伦敦。

图26　照料猎犬的男人们，加斯顿·菲伯斯手抄本中的插画。大英博物馆，伦敦。

持续的欢呼声中运回领主的庄园。在回家的路上，狩猎队会将尸体抬起来以展示整只鹿——他们首先抬着带角的鹿头，接着是胸脯、腿、肋骨、鹿皮，最后是用叉子叉起来的特殊身体部位，如睾丸、舌头、肝脏和心脏等。

　　猎犬在猎鹿过程中所扮演的特殊角色，以及在开膛仪式上所受到的特殊待遇，说明了中世纪人对它们的高度重视。当时的手稿插图显示了人们为照顾猎犬所做出的悉心努力：将它们疼痛、疲惫的爪子浸泡在盆子里，为它们的床铺铺上干草，用双面梳子梳理它们的毛发（见图26）。

　　有关狩猎的法律规定了只有具有一定社会地位的人才可以饲养猎犬，因此狗的地位显然是由主人的地位决定的。[55]到了12世纪，除猎犬外，其他犬种都取得了很高的地位，特别是英国獒犬。獒犬的力量和勇气在英国人自己以及外国游客的眼中，都是英国男性勇猛的象征。[56]

　　公元前55年，跟随入侵的罗马人来到英格兰后，獒犬便成为人类熟悉的伙伴。早在公元前3000年的塑像、石制浮雕中就已经出现了与獒犬类似的狗，长着短而大的口鼻，下垂的耳朵和长长的尾巴。[57]在中世纪的英国，獒犬因其凶猛的

55

56　图27　猎犬正在挑衅一头被锁住的熊。出自《卢特雷尔诗篇》，东盎格鲁，约1325—1335。大英博物馆，伦敦。

习性而备受推崇，它可以攻击鹿、人，如果给它戴上带刺的项圈，它甚至可以攻击具有掠食性的狼和野猪。[58]獒犬只有在脚部受伤残疾，无法继续快速奔跑的情况下，才会被放归山林。它们被认为是班道戈犬（又名马士提夫犬①）的后裔，这种狗白天会被套上项圈或带子拴起来，到了晚上人们就会松开狗绳，让它们自由活动，以保护主人的财产。[59]獒犬非常忠诚，并只会在自己主人的领地上活动，作为人身安全和私人财产的保护者，它比村镇上的警察更有用。[60]

　　为了让獒犬学会为保护主人而杀人，人们用熊作为人类的替身来训练它们（见图27）。由于体型和直立的战斗姿态与人类相似，熊在训练中完美地代替了人

---

① 大型犬，獒犬的一种。——译者

类，成为獒犬理想的格斗伙伴。[61]作为贵族训练犬的活动，上流社会的人会在自己的狗身上下注，去参加斗熊、斗马、斗猿等活动，与几头熊以及一只骑在马背上的黑猩猩格斗（黑猩猩因个头太小而无法直接与狗战斗，只是人类的替代品，用来测试狗攻击骑马人的能力）。[62]

恐　惧

中世纪的人们为了保护家庭和财产不惜花费如此大的代价，这并不奇怪。恐惧一直伴随着他们。在中世纪早期，荒野和野生动物是人们恐惧和焦虑的来源。当时荒野广袤，而耕地只是分布在密林边缘的小块土地，荒野地区被认为是危险、黑暗、不祥和未知的。[63]在乡村和城市地区，平房、花园和田地都被栅栏和篱笆围护起来，以防止外族和野生动物的侵扰，这说明中世纪的居民一直生活在惊恐和不安中，而他们对这样的生活方式习以为常。[64]随着农业向密林的扩张，捕食性动物从荒野中被驱逐到城镇和村庄，如果它们通常的猎物消耗殆尽，它们有时就会攻击人类。因此，狼群遭到无情的猎杀，受到憎恶，以至于常常被活活绞死[65]。

到了中世纪晚期，瘟疫以惊人的速度蔓延，人们因此十分害怕和焦虑。黑死病和随后不断复发的流行病成为毁灭性的生态灾难，从英格兰到意大利的城市和村庄，多达70%至80%的人因病去世，以至于到了1420年，欧洲的人口只剩下了1320年人口的三分之一。[66]黑死病造成了诸多社会、政治、经济后果，其中，更以强调个人主义的观念取代了传统的社区观念。人们越来越多地用暴力来解决争端，尽管人口普遍减少，但1349年至1369年发生在英格兰的凶杀案比1320年至1340年间的多出一倍。[67]死亡被认为是不自然的、怪诞的和可怕的，动物形象往往是中世纪对天堂、地狱和审判的关注的一部分。[68]一个很好的例子是一幅15世纪的壁挂画（见第70页图28），描绘了两个人类盗贼面朝上躺在地狱里，双手被绑在背后，尸体正在被恶犬啃噬（可能是仿照但丁所写的《地狱》中的场景）。

es pillars et tous ceulx q auoient
robe et ranfomme leurs freres crefties
qui par gabelles et deslopalles extor
ons et impositions auorent

图28 在这幅法国15世纪犊皮纸蛋彩画手稿中，小偷们正被恶犬撕成碎片。这幅
手稿描绘了来自地狱的折磨。出自《智慧宝藏》，让·热尔松。

狗在这里象征着邪恶的力量和能量，并且做出生啖人肉的举动，在这样的比喻中不难看出暗指黑死病的寓意。有学者认为，瘟疫改变了艺术的表现形式。人们心中深深的恐惧使14世纪的艺术和文学作品中出现了一种阴森恐怖的死亡想象。[69]艺术家们强调死亡是一种未被驯服的狂暴怪物加以强调，这怪物带来了痛苦、悲观以及一具具赤裸裸的腐烂尸体。[70]

瘟疫和恐慌进一步孤立了那些本已被边缘化的群体，人们与陌生人、麻风病人、乞丐和犹太人之间的关系变得更加暴躁紧张。恐惧让拥有共同利益的人们团结在一起，有时他们一起对抗共同的敌人（通常是社会入侵者和其他边缘群体），这些不满情绪很容易被转嫁给替罪羊，比如妇女和犹太人。[71]事实上，有些人甘愿承受起替罪羊的角色。天主教鞭笞派教徒们列着夸张的队伍在城中游行，"为自己和社会的罪孽赎罪"，频繁上演着引人注目的"戏剧"演出，随着黑死病的发生，这种表演达到了前所未有的规模。[72]

公共游行和仪式

动物是特别受欢迎的替罪羊，因此它们在中世纪的戏剧舞台上扮演着举足轻重的角色。在一篇关于动物在中世纪公共游行和仪式中作为替罪羊展示的文章中，埃丝特·科恩认为，动物的存在对于定义"什么是人类"非常重要，在中世纪后期，人类唯一的替代品就是其他动物。[73]她提到，中世纪公共仪式中，动物总是以人类的替代者形象出现，公开处死无辜的家养动物，有利于净化社会的罪恶。[74]猫往往是替罪仪式的牺牲品。在大斋期的第二个星期三，人们举行公开游行，游行以将猫从高塔上扔下结束；而在巴黎圣约翰节的焚猫仪式上，国王和贵族们会坐在特别观众席上，观看几十只猫被装在袋子里挂在柴堆上焚烧。[75]

动物形象也是中世纪狂欢节和假面哑剧的核心，在狂欢节期间，人们戴上面具，披上兽皮和兽头，在游行和仪式中巡游。早在7世纪末，人们就将戴上鹿角作为新年庆祝活动的一部分。[76]角在仪式和游行中具有象征意义，用来羞辱那些

不守妇道的女人。[77]约瑟夫·斯特拉特在一份写于19世纪早期的文章中回溯了中世纪的假面哑剧和化装游行:

60　　　　古代有一种常见的娱乐,在假面哑剧和化装游行中,演员把自己装扮成野兽或家畜的样子,在各地漫游。而我猜想,他收到的评价最高,是因为在这群人中,他在展示所模仿的畜生的性格方面独占鳌头。有些人披上牛皮,戴上兽头……一到节日,领主城堡的大厅里便聚满了人,新年前夜,一个人披上牛皮,其他人用棍子敲打他;他一边发出呼喊一边在房子里跑来跑去,所有的人都吓得离开;随后大厅的门被关上,他们假装害怕地走出去之后,没有人再进到房子里,而是不断重复吟诵他们所熟知的诗歌,那些诗歌规定了这些风俗习惯。[78]

人们根据自己的社会地位把自己打扮成特定的动物,这也是很常见的现象,上层社会的人认为自己是性欲很强的空中飞鸟,而穷人则认为自己是陆地动物或是没有飞行能力的鸟类,如被阉割的公鸡[79]。埃丝特·科恩说:"这些否定意向'通过试图嘲笑他们'来强调本就存在的阶级差异。……在一个社会结构全面崩溃的时代(虽然是暂时的),选择动物伪装是一种对身份的声明,而不是身份的丧失……只有在一个拥有丰富且固定不变的动物联想和象征词汇的社会中,这种象征才能发挥作用"[80]。

在中世纪,动物经常被用来当作羞辱的工具,以表达对人的贬低和厌恶,就像它们在罗马竞技场上所起的作用一样。埃丝特·科恩提供了许多涉及动物主题的、耻辱和惩罚的中世纪仪式的精彩描述。[81]例如,"倒骑"是一种行刑前的仪式,罪犯倒骑于驴子或病马上(性滥交的妇女则会被强令骑在公羊背上)被送上绞刑架。杀父或弑母的人所受到的惩罚,是与狗、猴子、蛇和公鸡一起被缝进一个袋子里,每一种动物都代表与罪行相关的特定象征意义,比如猴子象征着拥有人类的外形却没有高尚的灵魂。动物的意象经常被用于法律没有处罚规定但社会认为需要被道德审判惩罚的案件中,例如要求一个人像马一样拉车;或者在一个叛乱的农奴背上套上马鞍，并要求他赤脚走到领主的庄园，来为自己的反叛行为求得赦免。对动物的残害增强了公共仪式中的羞辱感。例如，在9世纪中叶，拉韦纳大主教在一场战斗中失败后，被迫骑着一头被割去尾巴和耳朵的驴子游街示众。[82]

在一篇讨论羞辱和邪恶象征的专题文章中，露丝·梅林科夫详细描述了"倒骑"的历史，以及通过关联动物来对犹太人进行的诋毁。[83]她写到，在742年，拜占庭帝国皇帝君士坦丁五世让一个假族长赤身裸体坐在驴子上被鞭打和游街，自那时以来，"倒骑"一直是一种广泛而持久存在的仪式。这种仪式的艺术表现在当代美国流行的政治漫画中也有体现，且它远没有局限于欧洲，在印度、土耳其、波斯、埃及、墨西哥和美国的历史文献和民间传说中都有描述。"倒骑"的目的是嘲笑和讥讽，从而加重对各种违法者的惩罚，如叛徒、异教徒、通奸的人（通常是妇女）、被妻子殴打的丈夫，甚至是大小便失禁的人。惩罚的程度从游行到走上绞刑架不等。中世纪艺术和雕塑中所描绘的倒骑者通常是裸体女性（象征淫荡行为）和猿猴（象征犹太人）。裸体女人倒骑在公羊身上，而猿猴则倒骑在被认为是"肮脏污秽"、邪恶或不受欢迎的动物身上，如猪和山羊（见第74页图29）。梅林科夫认为，"倒骑"的仪式之所以具有持久的吸引力，是因为它与以虐待取乐的原则相联系，也跟人类与颠倒世界相关的矛盾心理和疏离感有关。[84]

中世纪晚期是一个以残酷刑罚著称的时期，死刑和酷刑"被观众当作集市上的娱乐项目"。[85]许多公开处决中都有动物参与到仪式化的惩罚中来，例如"倒吊"，狗或猿猴通常会与罪犯一起被吊死；[86]这是一种通常只针对犹太人的处决方式。"倒吊"是一种壮观而缓慢的刑罚，专门用于惩罚异端者，对杀害人类的动物也适用。妇女很少被吊死或处决，取而代之的是被活埋或烧死。由于女性被认为具有超自然的力量，死后也可以回到世间骚扰活着的人，因此人们采取了措施来确保女罪犯不会爬出坟墓。人们认为有必要采取强硬的措施"处理危险的女尸"，通常是焚烧尸体以确保彻底清除它们，或在掩埋棺木之前用木桩刺穿女尸的心脏。[87]对犹太人的贬损，还包括要求他们站在血淋淋的猪皮上宣誓，或是将他们披上猪皮拖上绞架。[88]

图29　一只猿猴倒骑在山羊身上，意在表示赤裸裸的羞辱，出自《时祷书》的插图，1310年。大英图书馆，伦敦。

动物审判

在中世纪对动物进行不同寻常的公开惩罚，就和古代时是一样的，都是统治者和法律制度权力的视觉展示，又被人称为"痛苦的奇观"。[89]例如，对行为不端的动物进行刑事审判是一种公开的惩罚仪式，主要是对家畜伤害人类的案件进行审理，审判动物与审判人类遵循同样的法律程序，包括请辩护律师、同样的惩罚方式，如流放和处死，以及有机会获得赦免。[90]有一种强烈的观念认为，动物罪犯应该得到充分的正义伸张，不管动物在官司中输了还是赢了，在大自然中生活是它的权利，它们甚至不时地被分配到一块土地，并可以在这块土地上自由地生活，而避免轻易地去纠缠别人。[91]大多数的动物审判都是在世俗法庭上进行的，动物通常被处以绞刑或活埋，刑罚有时包括某种形式的残害（可能包含死刑，也有可能免于一死）。[92]动物审判还包括驱逐和驱赶各种令人讨厌的动物，如包括苍蝇、蚱蜢、蝗虫和蠕虫在内的小型昆虫；以及其他各种罪行的惩罚，如1266年一头猪因吃小孩，而被公开处以火刑；又如10世纪时一群燕子因扰乱宗教仪式而被起诉。[93]

审判的重要作用之一是传递这样一个信息，即动物主人必须管好他们所拥有的动物财产。猪因为总是随意闲逛、体型庞大、可以造成严重破坏，在所有记录在案的动物处决中占了大半。[94]它们经常给无人看管的儿童带来伤害，1386年在法国，一头母猪因杀死一名儿童而被穿上人的衣服，腿部和头部被砍掉，随后公开处死。[95]科恩指出，在是否需要接受审判和对其罪行的惩罚类型上，不同动物间有明显的区别。14世纪的一项法律规定，如果一匹马或一头牛犯了杀人罪，无须审判，该动物将被送回罪行发生地的领主处关押或出售。但如果是其他动物或犹太人犯下同样的罪行，则会被行"倒吊"刑，这是借用了犹太人传统的"倒吊"之刑。[96]科恩认为，役用动物在中世纪农业社会中的特殊作用，可以用来解释这种刑罚种类差异存在的原因。牛和马被套上挽具，始终受人类控制，因此它们具有明显的服从性，而猪和羊则不同，它们没有明确受到人类的控制，这种自由散漫被认为需要接受仪式上的重罚。[97]

最后，人们普遍认为，动物审判是基于对《圣经》经文字面解读的一种等级世界观，即动物低于人类，如果试图改变这种秩序，就应该受到惩罚。然而，科恩认为，这些审判是"动物王国逐渐被妖魔化"的阐释，动物审判和女巫审判之间有很强的联系，动物和女性都因被认为拥有超自然的力量而需要被驱逐。[98]丁泽尔巴赫指出，为了理解中世纪的动物审判，我们必须考虑到以下几点：中世纪是一个危机四伏的时代，人们需要采取极端措施来维持社会秩序；人类与动物的关系在那时也正逐渐发生着改变。[99]

娱　乐

公元476年罗马灭亡后，流浪的驯兽师和表演者会利用人们对罗马马戏团残存的怀念，带着异域珍兽进行乡村游行。[100]巡回的动物表演在中世纪的集市上举行，当地政府也会提供机会让民众观看那些饲养在护城河、笼子和兽坑里的动物。[101]随着罗马帝国的崩溃及经济相对衰落的封建时期的到来，人们再也负担不起奢华的动物表演了。[102]但是，以动物来娱乐人类的做法仍在继续，只是程度不像以往那么严重。例如，动物常常被训练来模仿人类，特别是熊和猿猴。早在10世纪的手稿画中，我们就可以看到熊遵照命令倒在地上、倒立，或是背着猴子跳舞。[103]马在绳索上跳舞，随着音乐起舞，击鼓，假装攻击人类，猴子也学着做出人类的动作，跃过杂耍人手中的铁链，喝麦酒、抽大烟，"就和任何一个基督徒别无二致"。[104]

狗经常被放出来以斗引、攻击折磨其他动物。人们命令狗去攻击和打击被拴住或有残疾的对手，这一传统十分悠久，如第二章所述至少可以追溯到公元前510年，而且也正如本章前面所说的那样，以此保护财产不受人类入侵者的侵害。根据约瑟夫·斯特拉特的说法，在中世纪晚期的伦敦，定期的动物虐斗活动为人类提供了娱乐，存于皇家图书馆的一份14世纪的手抄本中描绘了一匹马被狗斗引的情景，这项运动一直持续到17世纪，常常以"马谋杀了人"作为借口来证明其

65

存在的合理性。[105]中世纪的狗很少被训练来表演特技，而是为了攻击被折磨的动物，当时最常见的动物虐斗活动就是纵狗咬牛。

威廉·德·瓦伦，萨里的第六代伯爵，被认为在13世纪早期发现了纵狗咬牛表演的娱乐价值。[106]据威廉·西科德的描述，当时伯爵正在观看两头公牛打架，一群属于当地屠夫的狗开始追逐其中一头公牛；公牛在镇上狂奔，狗撵着它狂吠，伯爵看着这一幕非常高兴。作为每年圣诞节时提供疯牛的回报，他将最初斗牛的那块土地赠予了狗的屠夫主人。斗牛犬是专门为诱引动物而培育的；它的身体特征确保它能够咬住被袭击动物的鼻子不放，它的下颌向前凸出，从而能够牢牢地咬住诱饵动物的肉；它的鼻子是朝天鼻，从而能够在抓住受害者的同时保持呼吸顺畅。[107]后来，斗牛开始与屠宰之前嫩化牛肉的方法联系在一起，激烈的运动看上去可以使肉质更加鲜嫩而容易消化，正如下面这篇16世纪关于改善健康的文章中所描述的那样：

> 公牛的血，除非是取自非常年幼的小牛，否则对健康全然无益，而且很难消化，甚至于说是完全无法食用的。公牛的血到底有多坚硬黏着？在它们被宰杀的地方，地面会变得像玻璃一样光滑，像石头一样坚硬，不论是旧时代的公牛与狮子斗兽，还是像我们现在这样猎杀或放狗袭杀公牛，都是为了避免这种"牛血的恶作剧"的发生，目的是为了让剧烈的热力和运动稀释它们的血液，使其硬度得以软化，并使牛肉在消化时变得柔软。公牛的肉就这样准备好了，强健的胃可以从牛肉中获得营养；尽管对虚弱的胃，或者是相对温和的胃来说，食用牛肉被证明是有害健康的[108]。

因此，布朗斯坦认为，中世纪的纵犬袭击动物活动主要与节日和宴会准备有关。野猪、公牛和熊在节庆日的晚餐前都会被纵狗折磨，一些行会的宴会还会要求外国人提供一头公牛作为入场费[109]。

中世纪的动物园

当罗马各省的动物收藏馆被拆除后，欧洲皇室和其他富人接管和延续了维持动物收藏的做法，例如查理大帝（742—814），他在帝国各地圈养动物，包括熊、狮、猴子和鹰隼。世俗和宗教象征意义的混合是建立皇家动物园的关键，这些动物园里摆满了十字军东征从北欧带回的动物，作为在皇宫内饲养的活体动物战利品的集合，中世纪动物园延续了一项重要的传统——用来表明统治者和帝国的重要性。[110] 根据弗农·基斯灵的说法，在11世纪，征服者威廉（威廉一世）强占了英国的原有的禁猎区，并开始收集蓄养舶来动物，这些动物最终在1235年被亨利三世转移到伦敦塔。

伦敦塔中的皇家动物园其实早在此前30年就已经开始收集动物了。1204年，三箱异域珍兽随约翰国王抵达英国。[111] 伦敦塔的财务文件显示，1210年英国向养狮人支付了酬劳，[112] 1251年为国王的一头白熊支付了每天4便士的饲养费、嘴套和链子等费用，1254年为国王的大象建造了一座40×20英尺的房子。[113] 作为送给亨利三世的礼物，一头大象于1255年被运抵英国，并在伦敦塔的特制象屋中生活了两年，而这栋象屋恰好在亨利三世到来时完工。[114] 丹尼尔·哈恩声称，亨利的大象于1257年被埋在塔楼的地下，仅过了一年就被挖出来，人们这样做很可能是为了获得象牙和象骨。[115] 然而，两年的时间似乎足够这头大象用它巨大的象牙在石墙上磨出洞来，当它以自己喜欢的站立姿势睡觉的时候，把象牙插入石墙来支撑头部。[116] 两年的时间也足够长了，它已不仅是一头作为异兽展示的舶来动物了，它为中世纪的艺术家们提供了观察活体动物的机会，并激发了人们对科学观察的兴趣，这种兴趣在中世纪的大部分时间里是严重缺失的。

在中世纪的大部分时间里，动物行为和解剖学方面的古代权威是不容置疑的。事实上，直到13世纪，艺术家们甚至没有通过去进行直接的观察来创作他们的作品，而往往是对前人作品的完全复制。[117] 正是由于缺乏对动物的第一手知识，才帮助动物的象征意义得以延续。在缺乏事实观察的情况下，寓言的作用被无节制地附加，象征意义变得更加复杂。[118] 中世纪的艺术家主要关注救赎，他们制作

了一种"影子艺术"，扭曲自然形态以揭示超自然的意义，由于永恒存在于时间 67
和空间之外，因此消除了第三维度，创造了一种平面的、非实体的表现类型[119]。

由于它们都被宗教意象所笼罩，科学和哲学是同一类的智力活动。戴维·赫
利希认为，在中世纪晚期，作家们开始批判大瘟疫时代前的哲学思想，如托马
斯·阿奎那主张，宇宙是有秩序的，人类至少可以对其结构有一定的了解；唯名
论者提出宇宙没有自然秩序，而是被任意性和无序性所支配[120]的。索尔兹伯里
认为，阿奎那在他的论点中总结了许多中世纪关于动物的思想，他认为动物存在
的中心目的是为了造福人类，特别是作为食物，动物可以被毫无顾忌地杀死[121]。
但阿奎那也提出，对动物的残忍虐待是错误的，因为这会导致人类对其他人的残
忍[122]。

事实上，基思·托马斯认为，动物福利问题是中世纪思想的重要组成部分。
圣尼奥特从猎人手中救下野兔和雄鹿，芬查尔的圣戈德里基光着脚走到户外去把
鸟儿从陷阱中放出来，15世纪初的一篇关于十诫的道德论文《财主与乞丐》禁止
因残忍或虚荣而杀害动物[123]。乔叟描述了将鸟关进笼子是怎样的残忍行径[124]：

> 但神很清楚，人无论做什么，
> 都永远无法改变自然所赋予的
> 与生俱来的种种本质。
> 抓一只鸟放进笼子里
> 哪怕你尽心尽力地照料它
> 用肉和饮料细心地喂养它
> 把你能想到的所有珍馐都带给它
> 把它弄得干干净净；
> 哪怕这鸟笼是黄金制成它也不会快乐，
> 这只鸟情愿以两万倍的速度，
> 冲回那黑暗、寒冷的森林，

去吃虫子，去过悲惨的日子。

它将会时刻寻找机会

去摆脱这些金属丝。

一切都不及它所渴望的自由重要。

最后，中世纪伟大的思想家之一圣方济各（1182—1226）认为，我们对动物的首要责任是不去伤害它们。此外，他还声称，如果动物被排除在人类同情和怜悯的圈子之外，那么其他人类也会被排除在外。圣方济各的追随者们记录了许多关于他对动物和自然的爱，例如他与古比奥的狼的友谊故事。圣方济各与狼对峙，并与狼达成协议。圣方济各称他为"狼修士"，并指出他诉诸杀戮的唯一原因是饥饿，他向狼保证，如果他不再杀戮，自己和城里的人们将保证狼在余生里的每日都不会挨饿[125]。据报道，圣方济各与蝉、虫子、青蛙和许多种类的鸟都有特殊的联系；他在旅行中与动物说话；给他一条鱼，圣方济各就把鱼放回水里；给他一只野鸡当晚餐，他就把野鸡驯服而不是拿它果腹；从陷阱中救出一些乌龟和鸽子，圣方济各会为它们做窝，鸟儿们就在附近养育雏鸟，世代繁衍[126]。有人怀疑，圣方济各与动物相遇的故事不过是多愁善感的民间故事，他与狼的谈判也是寓言式的，但由于圣方济各来自乡村，有人认为他与自然有着特殊的关系，将动物视作上帝面前的同类[127]。虽然在接下来的几个世纪里，对动物福利的关注将变得越来越广泛，但值得注意的是，正如托马斯所写的那样，"在15世纪初我们就有一个明确的立场声明，这与18世纪大多数作家在这个问题上的立场没有任何不同"[128]。

在13世纪，对动物的直接观察终于又开始运用于科学知识的钻研和艺术作品的创作中。1230年，维拉尔·德·昂内库尔画了一些异国情调的动物（可能是在腓特烈二世的动物园里观察到的），并自豪地标明他的作品："要明白这可是根据实物画的"[129]。昂内库尔的狮子（见图30）体现了艺术传统的力量，以及中世纪艺术家们在克服描绘自然的传统方式时所遇到的困难。虽然他也是面对面地观察动物进行写生，但似乎很难描绘出逼真的解剖细节，这种困难是中世纪许多艺术作品的典型特征。例如，直到1445年，大象还被画成长着喇叭状的鼻子、尖锐弯曲的野猪角，以及牛羊的蹄子（见第82页图31）。

在长着喇叭鼻子的大象出现前150年，历史学家、艺术家马修·帕里斯就绘

图30 一头狮子和 69
    一只豪猪，维拉
    尔·德·昂内库尔
    （fl. 1190—1235），犊
    皮纸水墨画。国家
    图书馆，巴黎。

　图31　长着蹄子和喇叭形鼻子的大象正在被骑士攻击，出自《塔尔博·舒兹伯利之书》的插图，法国鲁昂，约1445年。大英图书馆，伦敦。

制过一幅更为逼真的大象画像（见图32）。帕里斯去了伦敦塔，为亨利国王的大象（上文提到的那头在伦敦塔里住了两年的大象）画了素描。在这些根据真实动物观察绘制的素描中，在德·昂内库尔的狮子素描约二十年后，比例关系开始被准确地描绘出来（在一幅素描中，帕里斯把大象饲养员画得比大象小得多），并仔细注意了动物灵活的鼻子和腿关节的细节。描绘象鼻的并列两幅视图，每个视图在不同的位置上体现了动态运动，这种手法在文艺复兴时期得到反复使用，我们将在下一章中看到。

　　帕里斯通过观察对动物进行自然主义描绘的能力是革命性的，到了14世纪，越来越多的艺术家能够对动物，特别是鸟类进行逼真而准确的表现。相对地，鸟类被认为是自由的象征，并且是以观察为基础的动物形象发展体系的核心。[130] 对鸟类的科学观察也是腓特烈二世（1194—1250）的兴趣所在，人们认为他写了中

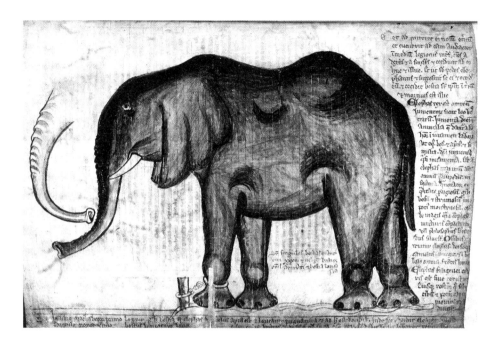

图32 马修·帕里斯，伦敦塔上的亨利三世的大象，写生素描，圣奥尔本斯市，1250—1254年，大英博物馆，伦敦。

世纪第一部关于动物的科学论文。腓特烈在鸟类学方面的工作是建立在系统的科学观察基础上的，他对鸟类的行为、生理解剖和疾病进行了分类和描述，并进行实验来检验他的结论。[131] 腓特烈的一个实验确定了秃鹫不是靠嗅觉而是靠视觉来找到肉的位置的，他通过缝合秃鹫的眼皮（保持鼻子畅通），观察到秃鹫并没有"闻到"扔在它们面前的肉，从而验证了这个猜测。[132]

　　事实上，腓特烈二世为检验科学猜想而冷酷无情地对待秃鹫，表明了中世纪科学和艺术发生的重大变化。人们对自然界的态度发生了转变，从象征主义—主观的观点变为自然主义—客观的观点，创造了一门致力于精确模仿自然的新科学，这种热情在接下来的七百年里主导了西方艺术。[133] 在下一章中，我们将看到动物是如何被定格在那些对自然主义表现的文化热情中的。

71

第4章

文艺复兴时期，公元1400—1600年

ꙮ

　　我们关于文艺复兴时期动物的讨论将从犀牛开始。我说的不是随便的某一头普通的犀牛，而是阿尔布雷特·丢勒在1515年创作的木刻版画上的那头来自印度的著名犀牛，它在与大象的战斗中取得了胜利。丢勒画的犀牛有厚重的甲板、带有鳞片的腿和肩膀上的小角，在近两百年的时间里，人们认为的犀牛都是这种异国动物的标准形象（见第88页图33）。不幸的是，这种表现并不正确。丢勒并没有根据自己的观察画出这只动物，而是借助一位有机会在私人动物园观赏到犀牛的同时代人的描述进行创作的。丢勒的犀牛是复制博物插图中一个著名的错误例子——印度犀牛的肩膀上并没有第二只角[1]。丢勒的错误被科学插图师在复制大师作品的时候不断重复，一直到19世纪的博物绘画作品中，不存在的角还出现在犀牛的肩膀上。

　　从印刷品中获取灵感，而不是通过第一手的观察来获取灵感，这对丢勒来说是极不寻常的。他对动植物的壮观描绘，以细致入微、分析透彻而著称，创造了逼真的自然世界形象。他的许多动物图画都与中世纪的标本集十分相似，提供了几十年来经常用于各种不同主题的图片，在其动物或自然的场景里提供了灵活的设计结构[2]。丢勒在1502年画了一幅绝妙逼真的野兔图（见第89页图34），这是艺术作品中最受欢迎的动物形象之一，说明了艺术家渴望通过十足耐心和忠实表现来还原自然的愿望。[3]

Int Iaer ons Heeren 1515 den eersten dach Mey, is den Coninck van Portugael tot Lisbona gebracht uyt In-
dien een aldusdanigen dier geheetē *Rinocerus*, ende is van coleure gelijck een schiltpadde met stercke schelpen becleet, ende is vande
groote van eenen Oliphant, maer leeger van beenen, seer stercke ende weerachtich, ende heeft eenen scherpen hoorn voor op sijnen neuse, dien wetter
by als hy by eenige steenen comt, dit dier is des Oliphants doodt-vyandt, ende den Oliphant ontsieget seere, want als dit dier den Oliphant aen comt, soo loopet hem metten hoorn
tusschen de voorste beenen, ende scheurt hem alsoo den buyck op, ende doodt alsoo den Oliphant : Dit dier is alsoo gewapent dat hem den Oliphant niet misdoen en can, oock ist et
seer snel, lichtveerdich, ende daer by lislich, &c. Desen voorgestelden *Rinocerus* wert van den voornoemden Coninck gesonden naer Hoochduytslant by den Keyser *Maximiliano*,
ende vanden hoogh-geroemden *Albertum Durer* naer t'leven geconterfeyt alsmen hier sien mach.

1515

RHINOCERVS

图33 阿尔布雷特·丢勒,《犀牛》,1515年,里斯本的国王曼纽尔一世(1495—1521)送给
马克西米利安一世(1459—1519)的木刻版画,根据当时的报道,丢勒为这种动物的身上画
上了厚厚的鳞片。

73

1450年印刷术的发展和欧洲人对未知世界的探索,推动了人们对动物进行写
实性表达的追求。对自然的仔细观察符合科学革命所支持的批判立场,随后在18
世纪,直接观察成为作品学术性的标志,根据巴拉泰和哈杜安-福吉埃的说法,
有时人们会根据是否"亲自观察和解剖过动物""亲自观察但没有解剖过动物"
或"既没有观察也没有解剖过动物"的标准来对异域动物进行分类[4]。事实上,
丢勒在他的画室里以死亡动物的尸体为模型,绘制了许多动物形象,如《死亡的

图34 阿尔布雷特·丢勒，《野兔》，1502年，纸本水彩和水粉，根据直接观察创作。 74

蓝腹佛法僧》和《死亡的鸭子》。丢勒的动物尸体画中最引人注目的是《雄鹿的
头》（1504），这是一幅巨大的雄鹿头颅被斩首的画作，眼睛旁边有一支箭深深地
插进了它的头骨。《雄鹿的头》是众多动物图画中的一幅，这些动物图画很可能
是参照"珍宝室"中的动物标本绘制的。[5]

珍奇柜是现代自然历史博物馆的前身，随着人们对自然世界的兴趣日益浓厚，以及对各种"物品"（从奇异的动物到怪异的人类）的收集和分类，珍奇柜越来越受欢迎。在新大陆被发现后的一个世纪里，自然界的奇特之物被陈列在类似博物馆的柜子里，这些柜子通常被放在私人住宅里，并不向公众开放，主要为满足主人和其朋友们的兴趣和关注。[6]这些奇特之物包括所有不正常和怪异的东西，例如双头牛、独角兽、鹿角畸形的雄鹿头，以及以前在"街头奇观表演"中展出过的渡渡鸟和北极熊的尸体。[7]虽然畸形动物对16世纪的收藏家来说特别有吸引力，因为它们是自然界活力的证据，但具有异国风情的动物们则体现了自然界的多样性，并提升了收藏品的价值。[8]小型物种和大型动物的身体部位由于易于收集和保存而受到推崇，例如海豚和鲸的骨架、乌龟的壳、晒干的鳄鱼皮、甲壳类动物、昆虫和鸟类，以及包括大象和犀牛在内的大型哺乳动物的牙齿、角和骨骼。[9]

75　　随着科学革命的到来，珍奇柜对于不正常和奇怪事物的关注，更多地转向自然规律，尽管人们对奇异动物的兴趣仍然非常强烈。[10]事实上，对动物的直接观察和活体动物收藏对于学问知识的进步至关重要；活着的动物对于任何超越描述和分类的动物研究都至关重要。[11]虽然与珍奇柜相比，活体收藏品的数量很少，但皇家动物园通过与阿拉伯动物商人的接触，收藏了大量的物种，随着欧洲各国在15世纪和16世纪探索活动的扩大，中世纪的小型皇室、地方政府和修道院的收藏也在扩大。[12]

虽然16世纪的动物园和珍奇柜并不对公众开放，但科学家和艺术家可以定期观察动物收藏品，记录并绘制动物解剖、运动和习性的草图。因此，文艺复兴时期的艺术家创作出了令人瞩目的动物形象，所有的动物形象都经过精心的描绘，一丝不苟，近乎科学性的准确。这一时期一些最引人注目的写实动物形象是家畜。例如，安东尼奥·皮萨内洛，文艺复兴时期第一位伟大的动物艺术家，[13]描绘了令人惊叹的动物博物画，这种绝妙从他画的马头和马颈图中就可以看出来（见图35）。这幅画显示了艺术家对马的头部轮廓和形状的敏锐且专注的观察力，

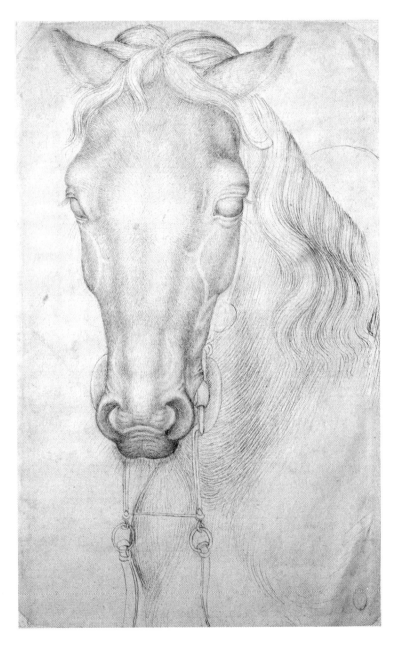

图35 安东尼奥·皮萨内洛，《马头》，约1433—1438，纸本钢笔和墨水，绘画时着重描绘逼真的细节。卢浮宫，巴黎。

对马毛的描绘，以及对鬃毛、胡须、睫毛等毛发动感的逼真描绘。

莱昂纳多·达·芬奇也是一位狂热的马匹素描家：用后腿站立的马，拉着战车的马，被骑手乘骑的马，拉着货车的马。查尔斯·尼科尔（Charles Nicholl）写到，达·芬奇对动物的亲近感从他在乡村度过的童年时期就形成了，他能够将马描绘成具有独特行为的个体，例如画出一匹受到惊吓的马，双目警觉，双耳竖起。[14]

达·芬奇喜欢把动物当作生活的主题，这一点在他1490年代创作的一系列"仿伊索寓言"——《达·芬奇寓言故事》中表现得最为明显。[15]这些寓言深含了乡村生活的意象，是"轻快的叙事，有的只寥寥几行，其中的走兽、飞鸟、鸣虫都能有了声音，有了可讲述的故事"。这其中一些寓言故事从动物的角度对世界进行了非常生动的描述，我在此列举他的三则动物寓言，以说明他对动物视角的独特把握：

> 一只狗躺在羊的毛皮上睡觉，它身上的一只跳蚤嗅到了油腻腻的羊毛的气味，心里想这羊毛一定是更好的栖身之所，而且不用再为这条狗的牙齿和挠来挠去的指甲担惊受怕，更加安全；于是，它脑袋一热，就离开了狗，进入了厚厚的羊毛之中。随后，它开始试图费力地在羊毛间穿行；但大汗淋漓之后，不得不放弃了这项徒劳的工作，因为这些毛太密了，几乎一根挨着一根，以至于跳蚤完全无法尝到羊皮的滋味。因此，在经过大量的劳动和疲惫之后，它开始希望回到那只狗身上，可狗已经走开了；最后，它在漫长的忏悔和痛苦的眼泪之中，无奈地饿死了……

> 一只老鼠被黄鼠狼围困在他的小住处，黄鼠狼不知疲倦地等着他的猎物投降，同时透过一个小洞看着他即将面临的危险。这时，猫走了过来，突然抓住了黄鼠狼，并毫不迟疑地把它吃掉了。老鼠把他储存的坚果献给了朱庇特，谦恭地感谢天意的搭救，并从洞里走出来享受他失而复得的自由。然而他立刻就被潜伏的猫抓住，生命和自由全丧失在了残忍的猫爪和利齿之下……

> 蜘蛛发现了一串葡萄，这葡萄是如此甘甜，蜜蜂和苍蝇都很喜欢吃。在蜘

蛛看来，她找到了一个最便利的地点来铺设陷阱，于是把自己安放在那精致的网上，住进了她新的居所。在那里，蜘蛛每天把自己挂在葡萄之间的空隙中，像一个小偷一样落在那些没注意到危险的可怜生物身上。但是过了几天，酿酒师来了，他把那串葡萄剪掉，和其他葡萄放在一起踩踏；结果，葡萄对于奸诈的蜘蛛和被出卖的苍蝇来说竟都成了圈套和陷阱。[16]

达·芬奇对自然和动物的视觉描绘也拥有不容忽视的生动逼真。肯尼思·克拉克写到，当那个时代的其他艺术家还以准确性和装饰性来描绘自然时，达·芬奇已经拥有了生动诠释大自然情绪的能力。[17]他笔下的动物也十分情绪化。为了说明这一点，我们再来看达·芬奇心爱的马，根据乔尔乔·瓦萨里的说法，马匹被画在战斗场景中，就像在戏剧中扮演了一个角色一样，"因为在它们身上所呈现出的愤怒、仇恨和复仇，完全不亚于……人类"[18]。78

然而，达·芬奇对待动物的行为却有些矛盾。他创造了美丽的视觉和叙事形象，这些动物形象是活跃的、机警的、有感情的，他不吃动物，也不愿意"穿戴死物"[19]，但他的艺术表现力却植根于解剖学。他很可能解剖过动物，并写出了一篇复杂而精确的关于马的解剖学论文，可惜该论文于1499年在米兰被毁。[20]

达·芬奇对解剖的涉猎与文艺复兴时期对"动物内在"日益增长的迷恋是一致的。随着科学解剖的发展，动物分类的依据逐渐从外表特征转向内在解剖证据。[21]佛兰芒解剖学家安德烈亚斯·维萨里（1514—1564）在他的作品中强调了动物活体解剖，并在他的解剖图集《论人体的结构》中用单独一章来描述对活体动物的解剖。[22]维萨里信奉"直接观察"这种流行的传统做法，而不是接受权威或二手知识的断言。虽然他批评古代医生盖伦（Galen，130—200）的权威，抨击他将人体和动物的解剖混为一谈（公元2世纪不允许解剖人类），但维萨里仍运用了动物图解来说明他的解剖图集的大部分内容，比如使用了牛的喉头，因为被绞死的人类喉头大多被绞索破坏；还使用了牛的眼睛，因为牛的眼睛很大，可以让读者更容易看到解剖的内容[23]。

死亡、疾病和死掉的动物

凭借当时的气候和啮齿动物、昆虫的生存环境，鼠疫的反复暴发一直持续到15世纪。[24] 人口减少和劳动力短缺给西欧带来了巨大的社会和经济变化。农奴和庄园制度被废弃了；人们不断从乡村迁往城市，造成农业工人的短缺和农村村庄的废弃，森林和林地逐渐恢复到原始的状态，这在黑死病之后就开始了，而且有增无减。[25]

动物在这个过渡时期发挥了重要作用。由于没有农民来耕种谷物，越来越多的土地拥有者转而饲养动物，作为从土地上获利的方式。小地主们利用动物从事乳品业，而大地主则选择蓄养牛羊。[26] 羊的价值在于羊毛，牛的价值则在于牛皮。1456年，人们曾用5000头小牛的皮印制了大约30本《古腾堡圣经》。[27] 不过，牛和羊的价值主要还是体现在它们供应的肉制品上。随着高工资、低物价带来的生活水平的提高，肉食的消费量增加；在一些地区，14世纪至15世纪期间，肉食消耗的总额翻了一番还多。[28]

随着14世纪中叶瘟疫的暴发，艺术和文学开始出现尸体和死亡——木刻版画描绘了"死亡的艺术"，壁画表现了"死亡的胜利"，甚至宗教肖像画中也反映了母亲（玛利亚）和孩子（基督）之间同情的缺失、冷漠和距离，这些主题与瘟疫前的宗教描绘截然不同。[29] 我们有理由认为，14世纪和15世纪的瘟疫流行对文艺复兴时期的动物文化表现产生了类似的影响。例如，从1500年左右开始，动物在艺术中通常被表现为死亡、垂死或等待人类食用的形象，这些视觉描绘呈现出惊人的、绝对的病态。

人类与其他动物之间日益商品化的关系，在16世纪开始成型的食用动物艺术插图中可见一斑。除了饲养牲畜外，随着农业知识的提高（第一本畜牧业手册于1493年出版）和耕地的集约利用，粮食也产生了盈余。粮食产量的增加经常体现在16世纪的艺术作品中，铺张的集市和厨房场景，浮夸地展示了食物的充裕。

作为对当时社会和经济变化背景的最佳理解，刻画食物丰盛的艺术作品阐明了人和商业产品之间关系的变化以及对农产品的物化。[30] 这种物化最明显的莫过

79

图36 彼得·阿尔岑，《逃往埃及（肉铺）》，1551年。木板油画。乌普萨拉大学收藏，瑞典。宗教主题在被展示的食品、被屠宰的动物和工作中的农民身上得以体现。

于肉店场景中对死亡动物的文化表现。例如，16世纪中叶最著名的画作之一，彼得·阿尔岑的《肉铺》，在这幅画中，"逃往埃及"的宗教叙事被彻底地嵌入了屠宰动物和动物身体部位的展示背景中，包括被斩下来的头颅、被拆解的脚、死鸡和死鱼、一头被剥了皮的猪、不知是什么动物身上的肥肉块，以及香肠和动物内脏（见图36）。

诺曼·布莱森指出，阿尔岑的《肉铺》的画面中，背景被解释为庄严、神秘、神圣事件（玛利亚在分发营养面包），而中景和前景却描绘了"亵渎的、低贱的生命"，比如忙于日常杂务的店员和那些动物的描绘。[31] 然而更重要的是，这幅画使用的画面语言，将人的身体机能（消耗和摄入）与动物身体联系起

80

来。[32]厨房和市集的场景也提醒了农民和下层阶级的肉欲，他们经常被描绘成从事日常琐事，如从井里打水（如在阿尔岑的《肉铺》中所画），或从事道德和社会地位低下的工作，如蔬菜、水果和肉类交易，或沉溺在情色的两性行为中。[33]

81 　　16世纪的宗教领袖普遍将屠杀动物与色情及肉体的诱惑联系在一起。[34]描绘屠宰场和肉店场景的画作常常被解释为对富足和享乐主义行为的宗教批判[35]。这种联系也体现在16世纪厨房与市集场景的画作中，比如阿尔岑的侄子约阿希姆·博伊克雷尔的作品。博伊克雷尔创作的市场和厨房场景中基本不会见到宗教主题，尽管被宰杀的动物与肉的诱惑之间的美学联系依然得到了艺术表现。博伊克雷尔的画作突出了新的农业方法和惊人的丰收成果，如图37所示的那样。[36]

　　除了作为食物丰足的代表，动物也在16世纪开始作为画作主体出现在风景画和乡村画中。城市居民喜欢对农场动物进行艺术描绘，这种兴趣在威尼斯很受欢迎，那里的城市生活与田园乡村截然不同。[37]艺术家开始对动物和风景表现出兴趣，这使任何宗教暗示都黯然失色，例如弗朗切斯科·巴萨诺在1570年的一幅画，画的是被农夫赶去市集的动物，在其作品"亚伯拉罕前往应许之地"中庄重地向宗教致敬。但在老彼得·勃鲁盖尔的风景画中，所有的宗教伪装都被抛弃了，虽然他是以画农民与田园而闻名，但他也画自然景色中的动物，如图38，这是描绘一年四季的六幅系列画之一。

　　16世纪描绘厨房和市场的画作是猎物画的前身，即描绘狩猎场景中死亡猎物的画作。虽然该流派在17世纪中期随着弗兰斯·斯奈德斯的作品（下一章将讨论他的动物尸体画）达到了顶峰，但第一幅专注绘制野味和狩猎装备的静物画是雅各布·德·巴巴里在1504年创作的一幅画，画的是一只死鹧鸪、一副铁手套和挂在墙上的弩箭。这幅作品可能被挂在文艺复兴时期的一座狩猎小屋的墙壁上，当它展示在同样悬挂着的动物尸体和狩猎物品旁边时，就起到了为观众提供幻想的娱乐作用。[38]

82 　　描绘死去猎物的绘画传达了男性领域狩猎的贵族特权和权力的信息，巴巴里

图37 约阿希姆·博伊克雷尔，《厨房内部》，1566年。画板油画。卢浮宫，巴黎。这幅作品展现了丰收的感性，将屠宰与肉食的快乐联系在一起。

的静物画是一个很好的例子，男性品质从家庭领域、俗世文化、厨房市集中剥离出来[39]。在画的右下角有一张纸条，上面写着作者的签名和日期，这张纸条似乎是最近才"掉进"画中的，试图欺骗观者的眼睛，或者产生一种"视错觉"的效果。尽管有人认为，死鹧鸪和铁手套之间没有什么联系，因为猎人们并不穿戴盔甲，而是穿着柔软的运动服，[40]但有证据表明，偷猎者们确实穿戴了战争装备，正如我将在后文中讨论的那样。尽管如此，巴巴里的死亡猎物与狩猎装备的画作，可以作为军事勇气和狩猎技巧的早期代表，这是自古以来贵族的乐趣。

83

狩 猎

在整个文艺复兴时期，狩猎作为展示权力和贵族典礼的仪式，保留了其传统的象征形式。到了15世纪，由于欧洲的野生动物非常稀有珍贵，狩猎中的人为干预成分越来越重，大多数狩猎都是在封闭的鹿园里把动物赶入包围网中，再进行宰杀。[41]虽然如此，贵族们仍然会组成狩猎团去打猎，队伍中仍会包含仆从和雇佣兵，开膛仪式则一直持续到17世纪初。[42]围绕着倒下动物的血而举行的仪式是惯常发生的，比如会让狩猎队伍中最重要的成员（既可以是猎手，也可能是观众）去割断倒在地上野鹿的喉咙以示荣幸；又或者是将死去的雄鹿的血涂抹在新手猎人身上，这种仪式被称为"浴血"（blooding）。[43]

84 　到16世纪末，确立皇家狩猎区的森林法律已经基本过时，以前的皇家林地变成了公园和用来授予忠诚臣民的猎场。[44]詹姆士一世（1566—1625）决心恢复皇室对狩猎运动的保护，提高了狩猎的财产标准，要求权贵要人们担负起保护他们个人狩猎所需猎物的责任，并赋予贵族和朝臣狩猎特权和执行狩猎法的权威，从而鼓励了以狩猎特权奖励同僚和随从的做法。[45]

除了为贵族提供消遣娱乐的传统作用外，狩猎还提供了军事演习和训练的机会，有力地展示了军事技能，在相对和平的詹姆斯一世统治时期，非法狩猎成为战争的替代形式。[46]英国绅士阶级之间的世仇斗争是通过在对手的鹿园里偷猎来实现的，而这种非法行为则采取了传统陆地战争的仪式化形式，贵族们身着全套战服，包含了锁子甲和头盔[47]。曼宁写到，这些微妙的反抗形式类似于利用戏剧、化装舞会和娱乐来宣泄其政治不满、参与争议，而"偷猎"被认为比中世纪晚期英国的公然施暴更加可取[48]。当以冲突为形式的偷猎被付诸行动时，曼宁指出，"浩劫"（havoc）这一军事用语意味着"损毁和掠夺"，例如将狩猎场中所有的鹿屠杀殆尽。利用狩猎团队作为军事行动的掩护，是16世纪民谣的主题，例如《切维蔡斯的狩猎》这首关于一次虚构的偷猎事件的歌谣，最早被发表在16世纪中期的一本吟游诗集上。[49]

85 　16世纪的大型全景画为狩猎提供了"新法律条文的视觉印记"，也为发生在

图38 老彼得·勃鲁盖尔，《牧群归来》，1565年，画板油画，艺术史博物馆，维也纳，11月，季节系列中的一幅。

狩猎过程中的事件提供了书面证据。[50]举个例子，在小卢卡斯·克拉纳赫创作的题为《狩猎》的画作中，画布上展示了狩猎活动的各个阶段。最初，一群鹿被猎狗追赶着穿过一片空地，后面跟着一个骑马的猎人；中间显示着狩猎即将结束的场景，在水中的雄鹿试图消除自身那引诱猎狗的、混合着汗水和恐惧的气味，与此同时，几只鹿躺在地上，被狗和骑马的猎人包围着；最后，在画面的左下角，一艘船将死鹿尸体从一侧的岸边运到对岸。这幅全景图还包含着对狩猎团队的描绘，其中有衣着华丽的女士吹着狩猎的号角，仆人照料猎狗，背景则是宏伟的房屋。

　　16世纪的大型全景画向人们详细讲述了狩猎活动的细节，而在下一个世纪，

图39 克里斯多夫·范·登·伯格,《死鸟静物》,1624年,布面油画。洛杉矶保罗·盖蒂博物馆。在这幅狩猎战利品画作中,水果和葡萄酒被野味抢了风头。

简单而逼真的死亡动物特写流行起来。"死亡动物静物画"这种艺术形式似乎对动物的生命和苦痛无动于衷,[51] 将已经死亡和濒临死亡的动物,怜爱地、小心地放在日常家庭空间里水果蔬菜的精美布置中,或者是在随后的18世纪,将它们放置在迷人的风景与户外环境中。在图39中,死去的野味是色彩斑斓的餐桌展示的一部分,旁边是一碗樱桃和其他水果、一大杯红酒,在画面的前景,一朵被摘下的粉色玫瑰头朝下摆放着。虽然水果和花的美丽引人注目,但野味的摆放带来了无法忽视的视觉冲击。死去的鸟被小心翼翼地放在桌子上。三只大鸟在作品的中心,前景中的一只支撑在另一只的胸前,双脚悬空;一只小鸟倒卧在画的前面,双脚蜷曲,头无力地靠在桌沿上。虽然我们在这幅画中看到了绚丽的光影和各种

86

形状与纹理质感，但画面的重心毋庸置疑是死亡。

对食物财富的描述以及精心设计的猎物画，并不意味着每个人都有足够的食物，也不意味着任何人都可以为了日常饮食而去打猎。只有富人才有能力负担价格高昂的肉食和农产品，[52]而狩猎当然是贵族的专利。事实上，整个欧洲的人都在挨饿，在16世纪末，饥荒的毁坏力尤其明显，瑞典西部的奥尔斯洛萨的教区记录就有记载：

> 1596年的仲夏时节，土地上长满了茂盛的青草和丰茂的玉米，以至于每个人都以为这个国家会迎来玉米大丰收。但是……当人们在举行斯卡拉集市时，下起了大雨，雨量很大，所有的桥都被洪水冲垮。洪水同样淹没了农田与牧场，玉米和草都被毁了，谷物和干草几乎所剩无几。……到了冬天，牛群因为吃了从水里捞出来的腐烂的干草和麦秆而生病……奶牛和牛犊也是如此，而啃食死牛尸体的狗也染病死去。土壤被污染了三年，寸草不生。在这之后，即使是那些拥有良田的人，也把家里的年轻人赶走了，许多人甚至让自己的孩子也离开，因为他们无法眼看着孩子在亲生父母家里饿死。在这之后，父母也会离开家门，到所有他们能去的地方，直到死于饥饿……人们把许多不能吃的东西拿来剁碎做成面包，如泥、糠、树皮、芽、荨麻、树叶、干草、稻草、薄荷、坚果壳、豌豆秆等。人们因此生病，身体肿胀，无数人死去。许多死了丈夫的妇人也被发现倒地而亡，嘴里含着红色的蜂巢草、种子和其他种类的草……孩子们饿死在母亲的胸前，因为已经没有乳汁供他们吸吮。许多人，无论男女老少，都迫于挨饿而去偷窃……有时，饥荒与其他苦难结伴而来，腥风血雨使人们陷入如此困境，死者不计其数（生灵涂炭）。[53]

社会混乱和动物屠杀

随着瘟疫的暴发不仅艺术的表现形式发生了戏剧性的（巨大的）变化，戈特

87

弗里德还认为，在"随时都有可能意外死亡"的背景下，15世纪的大多数暴行和残忍野蛮行为都会更好理解[54]。在现代早期，暴力是日常生活的一部分，这实际上得到了教会的认可，强者经常对弱者使用暴力，包括穷人、年轻人和家仆[55]，当然还有动物。对动物行使暴行十分普遍，有人声称，在16世纪的英国，出于娱乐目的对动物进行的折磨比历史上任何其他时期都要多[56]。猫尤其受到恶意中伤。法国人以虐猫为乐，[57]英国人用火焚烧猫，用猎犬猎杀猫，并将猫串在铁叉上炙烤。[58]

狗也经常被大规模屠杀。大部分屠杀猫狗的规律都与瘟疫的暴发相吻合。马克·詹纳认为，动物大屠杀最好理解为是一种在风险的历史社会学框架内对抗瘟疫及维持社会秩序的尝试。[59]虽然昆虫和啮齿类动物的数量与瘟疫的传播有很大关系，但在20世纪之前，人们并不会将啮齿类动物与疾病的传播联系在一起；相反，当预测到瘟疫即将暴发的时候，人们会对猫狗进行屠杀（1636年5月，在一个城市曾有3720只猫狗被杀），这实际上是为真正的罪魁祸首——老鼠（包括它们身上的跳蚤）清除了主要天敌。[60]根据詹纳的说法，大屠杀有一个文化逻辑：流浪动物（特别是狗）被选中为屠杀对象，是因为它们是显而易见的混乱根源，不受控制，不卫生，但更重要的是，它们没有主人，没有明确的身体上的社会从属关系。在一个以家庭为中心的文化体系中，每个人都必须拥有父母或是主人，而一个无人负责的个体，不论男女对其他人来说都是非常可怕的威胁。[61]此外，詹纳认为，在一个对危险及不受监管的社会交往感到焦虑的社会中，流浪狗是令人不安的。并非所有的犬类都会被围捕，上流家族里的宠物狗和猎犬就会被排除在屠杀之外，因为隔离在家中是对控制瘟疫的一个重要措施，而宠物动物们都被圈养在家里，远离混乱的街头。[62]

饲养宠物十分普遍，在16世纪，伴侣动物被确立为中产阶级家庭的一部分，特别是在市区，因为在那里，动物的实用价值不大，更多的人能够负担起宠物兔、松鼠、水獭、乌龟和猴子的饲养费用[63]。但在文艺复兴时期，最受欢迎的伴侣动物还是宠物狗。正如基思·托马斯指出的那样，在现代早期的英格兰，狗随

88

处可见，而且不论与贵族还是贫民都能亲密地生活在一起；庄园大厅里布满了枯骨，猎犬成群，即使是瘟疫期间对犬类的大屠杀也没有对狗的数量造成长远的影响。[64]凯瑟琳·麦克唐纳声称，饲养非生存必需动物为宠物这一习俗始于宫廷，是贵族们炫耀和声望的象征，同时也是享有特权却孤独的皇室成员的情感寄托；皇室宠物不仅被拟人化，而且被认为比人类更加优越。[65]最后，除了作为生活伴侣和狩猎伙伴，狗在文艺复兴时期还具有巨大的娱乐价值，在15和16世纪席卷全国的动物虐斗活动中成为主角。

动物虐斗

我们在上一章中讨论过，中世纪贵族为了增强狗的攻击性来保卫家园，会将熊作为诱饵来训练狗学习攻击人类，这一做法在文艺复兴时期演变成一项受到全面欢迎的血腥游戏。也许这种可怕的做法持续被证明是一种训练体验。基思·托马斯认为，由于模拟了私下里的个人搏斗，与在和平时期作为战争替代形式的狩猎具有相似的价值，所以动物虐斗被认为是有益的。[66]

根据布朗斯坦的说法，动物虐斗作为伦敦的一项赚钱活动，最早的固定地址的虐斗馆可追溯到1562年。他认为，任何早于1562年被提及的商业性虐斗活动都是没有根据的，包括1393年学者们关于巴黎花园是一个公共虐斗场所的传言。[67]然而，一旦被约定俗成之后，斗兽很快就变成了最受人们欢迎的消遣方式。血腥游戏的爱好者并不只局限于英国人，在整个欧洲，包括意大利、西班牙和法国，动物虐杀成为针对动物的文化暴力的一部分。[68]

许多动物都被绑在木桩上遭受狗的折磨，包括跛足的马[69]、狮子、獾，当然还有公牛。在斗牛的过程中，有时人们会提供一项附赠的娱乐项目：挖出一条浅沟，让观众们观看公牛将鼻子撞击浅沟，以试图躲避来自猎犬的攻击。[70]哎，易于繁殖又肉质可口，公牛经常因此被折磨死在木桩上。[71]虽然熊很少被杀死，但它们经常被弄瞎，因为狗会被训练去抓住熊的眉毛或鼻子，一旦失明，熊通常会被人类鞭打取乐。

也许是因为与人类拥有很多类似的地方，熊是现代早期英国动物虐杀活动的首选诱饵。斗熊活动非常受欢迎；正如一位学者所说，就好比圣保罗大教堂、白金汉宫，以及伦敦塔中的狮子之于伦敦游客一样，斗熊同样是游览中必不可少的一项奇景。[72] 斗熊在伦敦以外的地区也很受欢迎，包括在英国各地的乡村。例如，在萨默塞特郡，16和17世纪的宫廷记录显示，教会啤酒节（同时也是教区的筹款会）上，动物虐斗是重要的活动项目，诱饵被用来吸引酒鬼们，他们会花钱购买教会委员们为活动酿造的麦酒。[73] 乡村的动物虐斗活动是各阶层人民的主要娱乐方式，它提供了一个公共的社交维度，用来庆祝古老的传统，并将人们带到户外进行舒适的集会（有记录的大多数动物虐斗活动都在5月至10月之间举行）。[74]

90

有关动物虐斗的文化分析

近期出现了大量关于文艺复兴时期血腥活动的文献。多亏1450年约翰内斯·古腾堡发明的活字印刷术，我们如今对现代早期英格兰人如何打发休闲时间有了更多的了解，这是因为他们留下了所经历事件的书面记录，包括传单、海报，以及其他被印刷出来的文件。学者们分析了现代早期文学作品中关于斗熊的文献，包括莎士比亚、本·琼森和托马斯·德克尔的作品，[75] 塞缪尔·佩皮斯、约翰·伊夫林和亨利·汤曾德等名流人士的信件和日记中关于参加动物虐斗活动的记载，[76] 英国各省的斗牛与斗熊的宫廷记录，[77] 以及虐斗表演与英国的剧院之间的联系，在英国剧院中，斗熊和演出占据了伦敦的舞台这同一个物理空间。[78]

学者们注意到，戏剧和斗兽活动是类似的文化活动，都在共同的圆形建筑内举行，并且拥有类似的禁止性规定，如在礼拜日或在严重的瘟疫期间不进行展出或表演。[79] 它们也有相似的反对者（大多是教徒，他们谴责戏剧表演，因为其广受欢迎，他们反对斗熊活动，因为其在安息日也会进行）和支持者（普通的伦敦人、贵族和君主、朝臣们）。[80]

人们提出了许多理论来解释英国人在现代早期对动物虐斗所表现出来的嗜好。例如有人认为，虐斗的流行是出于对动物本性和气质的研究兴趣，熊坑作为一个"心理剖析剧场"，不仅展露了动物的勇猛，还暴露了它们的本质特性。[81]同样在16世纪末，气质喜剧成为流行的戏剧主题。借鉴古老的医学理论，即四种体液或是身体物质决定了人的个性，这种喜剧则提供了一种对独特个性的剖析，通过特定的品质或言语习惯剥去人物表面的伪装，夸张地揭示出其因内在体液气质导致的私密自我[82]。气质喜剧和纵犬斗熊之间的联系在于都存在对诙谐个体的贬低，以及谐谑人物总在试图证明自己的努力。[83]此外，英国人对獒犬的阳刚和勇猛的赞赏，使血腥运动和斗熊活动成为对男子汉气概的壮观展示。[84]斗熊的场景据说是以动物本性为基础，熊和獒犬都经过训练以展示那些被认为是野性的和不受控制的行为。[85]

当代学者将亲历者对动物虐斗的描述，解读为节庆和喜剧活动，尽管这项活动涉及残忍的行为，但它确实让观众们从狂热的刺激和斗兽的噪音中获得极大的乐趣[86]。动物虐斗被形容为精心编排的戏剧游戏，"与其说是绝望的虐杀，不如说是精彩的马戏表演；而且这也不是小打小闹的恶作剧，而是更加宏大、更有价值"，这种气氛可能会点亮原本沉闷的圣诞季。[87]当时的编年史家们写到了斗兽场中动物的外表和力量，写到了熊的笨拙、易怒和乖僻，还有勇敢、耐力和力量；写到了它们因为拥有与人相似的特征而既受人羡慕、又受人嘲笑的矛盾。[88]民众也有自己喜欢的熊，因其一次又一次地在火刑柱上存活下来，被推崇为名人，如哈里·亨克斯和林肯的汤姆，这说明一场有效的比赛应当是以平局结束的，没有赢家也没有输家。[89]此外，一些关于17世纪早期纵狗斗兽的第一手资料，还描述了动物们在场上不愿意争斗，且在台下表现得像好朋友一样。[90]有些熊被拖到了木桩上，而不听话的公牛则蜷缩着拒绝开战，遇到这种情况，人们需要在靠近动物肚子的地方点燃火把，来阻止它躺在地上。

并非所有的目击者都对动物虐斗展示持乐观态度。根据为数不多的对其持保留态度的文字描述记载，埃丽卡·富奇认为，人们对遭受火刑的熊表达同情，证明了一些观众与动物产生了共情，人与动物的界限正在缩小。她写道："熊园是一个充满巨大矛盾的地方：这里既揭露了物种之间的差异，同时又展示了同一性；斗兽是现代早期人类中心主义表达最明确、最壮观的场所，但同时也是人类对自身产生怀疑的地方。"[91]

纵狗斗熊活动也与掌控支配别人的欲求有关。例如有人认为，类似的统治意识形态使现代早期的动物虐斗和英国殖民主义的兴起变得合理。[92]动物虐斗和社会不平等之间的联系也被历史记录了下来。公牛有时被描述为权威的象征，而狗则被比喻为暴徒和下层社会公民。在虐待妇女的故事里，动物虐斗还成为一种隐喻，曾有报道记录，一名男子威胁要把他的妻子吊起来，放狗扑向她；还有两个男人强行闯入一户人家，把一名妇女当作斗熊的诱饵施暴，并撕碎她的衣物当成旗子在镇上招摇，大声叫嚷说他们的"熊"太热了，必须帮她冷却下来，然后把啤酒倒在她赤裸的屁股上。[93]

92　　也许在疾病和死亡无处不在的社会背景下，人们处于心理和道德双重危机之下的生活状态，使恐惧和焦虑体现在对动物折磨的享受中。面对一两次的瘟疫流行，人们在心理上可能会相对平静，但一百年来持续肆虐的瘟疫却对社会产生了实质性的影响——人们不再信仰传统的价值观念，欧洲陷入了道德危机的状态。[94]中世纪晚期便已经开始的传统社会的崩溃，在16世纪加速进行着。劳动力变得不再稀缺，农产品产生了更多的利润，宗教改革带来的变化渗透到偏远的农村地区，地方领主的传统权威被官僚所取代。[95]在大约一百年的时间里，当地村庄一直处于混乱，人们变得充满敌意、骚动、具有攻击性，并演变出了对巫术的指控，向"无助的邻居们大肆发泄着那些无法解决的不安"。[96]

约翰·赫伊津哈将中世纪晚期的风俗和礼仪描述为暴力和混乱的，充斥着残酷和怜悯的反差。[97]戴维·赫利希补充说，人们被一种"今朝有酒今朝醉""及时行乐"的人生哲学所驱使，他们开玩笑、跳舞、斗殴、玩着"不雅的游戏"，狂欢和卖淫，这些行为在葬礼和墓地经常发生。[98]对生命的脆弱性的敏锐感觉不仅反映在人们的行为中，也反映在文学和艺术中。西奥多·拉布写道："在莎士比亚几乎所有的戏剧作品中，令人舒适的旧的价值观、传统的真理都不再可靠，我们便置身于这样的世界里。并且在当时占主导地位的艺术表现形式绘画中，没有什么看起来是稳定可靠的。"[99]尤其与这些言论、观点相关的是，人们在享受动物虐斗的过程中主要看的是动物那原始野性的勇猛，在现代早期的欧洲，勇气和软弱之间的二元性无处不在。[100]

当这些行为举止、恐惧和不安全感被附加到中世纪晚期那本已紧张的人际关系中时（比如对与众不同以及奇特事物所展现出来的孤立感与忧虑感，或是将不满情绪转嫁给替罪羊群体，抑或是在戏剧舞台上演夸张的气质喜剧），融合了残忍与怜悯双重情绪的动物虐斗场面频繁出现也就不奇怪了。与传统价值观的脱节、利己主义逐渐占据上风、无法摆脱无处不在的瓦解、破坏、疾病和死亡转而追求闲暇和娱乐，这些可能正是现代早期人们开始折磨动物们的原因。

典礼和宗教仪式

血腥的斗兽活动作为饮酒、节庆，以及为教堂筹款的募捐活动的背景，其重要性不容小觑。虽然中世纪的教区教堂是组织社区活动（包括戏剧、庆典、舞蹈、音乐、狩猎和饮酒）的仪式世界的中心，但随着新教的兴起，地方教堂的社区功能受到冲击，因为它助长了迷信以及传统宗教仪式和娱乐活动的传播[101]。在15世纪和16世纪早期，特殊的教堂能够举行传统节庆，通常在教堂墓园的边缘，到了17世纪，这些房屋中的相当一部分已经演变为饮酒场所。[102]到了17世纪30年代，教区酒馆成为社区游戏和娱乐的主要中心，如足球、莫里斯舞会、新年化装游行，以及那些以动物为主角的最重要的活动——宴会、赌博（既为了喝酒，也为了敛财）和动物虐斗。[103]17世纪后期，户外赌博和狩猎活动转变为观赏性运动，竞争性的酒馆通过举办斗熊、斗鸡和赛马，以及偶尔展示古代遗物或具有异常身体特征的人等新奇事物，促进了休闲活动的商业化发展[104]。

与中世纪一样，动物及其身体部位会被用来羞辱那些违反社区规范的人，比如挑战父权的女人们。昂德当认为，公开的羞辱仪式对控制这些反抗特别有效。对违反父权制规范的妇女的惩罚，更有可能发生在英格兰以乳品业和服装制造业为基础的地区，这些地区的工业发展给妇女们提供了其丈夫和父亲能够赋予她们的就业与责任之外的工作，而为了羞辱僭越的妇女而举行的悍妇及奸夫的游街示众和其他仪式，正是妇女变得更加独立、男性的好奇心越来越强的表现。[105] 游街和捉奸通常被用来惩罚泼妇（被指控不断斥责或训斥别人的妇女）或是被戴绿帽子的丈夫。"戴绿帽（cuckold）"一词本身就是一种动物行为的文化延伸：它来自布谷鸟，这是一种育雏寄生的鸟类，会将自己的蛋下在其他鸟类巢中由巢主替它们孵化和抚养雏鸟。

号角、男子气和荣誉

动物的角作为通奸行为的象征，被用来公开展示，以嘲笑被戴绿帽子的丈夫并羞辱他出轨的妻子。在教堂里，角被绑在受害者的长椅上，绑在鹅的脖子上，绑在马的头上，并在并不般配的夫妻的婚礼举行时被挂在教堂的大门上。[106] 从历史的角度将这些与仪式中的狩猎隐喻联系在一起后，埃比尼泽·科巴姆·布鲁尔声称：

> 佩戴着角意味着被戴了绿帽子……在发情的季节，雄鹿与幼鹿结伴而行：一头雄鹿会选择几头雌鹿来组成自己的后宫，直到另一头雄鹿来与它争夺这些战利品……如果在战斗中被打败了，他会把后宫让给胜利者，独自离开，直到他找到一头比自己更弱的雄鹿，而那头雄鹿也要接受类似的挑战……雄鹿有角，被同伴戴上了绿帽子，这种比喻的使用是显而易见的。[107]

在地中海地区的荣誉法则中，被欺骗的丈夫被视为与公山羊的角相等同，因为与被出轨的丈夫一样，山羊也允许其他雄性个体与群体中的雌性发生性关系，而公（绵）羊则不同，它不能容忍任何性竞争对手[108]。安东·布洛克写到，权力和荣誉总是与公绵羊联系在一起，耻辱则与公山羊有关，两者是互补的对立面。绵羊奶通常被制成奶酪，而山羊奶会被直接饮用；在一些文化中，绵羊只由男人挤奶，山羊则由女人挤奶；特别是在西西里岛，男人很少喝奶，而更喜欢奶酪。奶只对弱者，比如妇女、儿童、老人和病人有益。[109]安东·布洛克提供了下列二元特征，作为地中海荣誉法则的象征：[110]

公绵羊（rams）—公山羊（billy-goats）

绵羊（sheep）—山羊（goats）

光荣（honour）—耻辱（shame）

男人（men）—女人（women）

阳刚之士（virile man）—鹿角[cornute（becco, cabrón, cabrão）]

阳刚（virility）—阴柔（femininity）

强壮（strong）—软弱（weak）

善（good）—恶（evil）

纯洁（pure）—肮脏（unclean）

沉默（silence）—聒噪（noise）

耻辱、丢脸和噪音是文艺复兴时期仪式生活的核心。戴维·昂德当很好地描述了针对不忠或暴力的妻子而举行的捉奸仪式，或是粗犷的音乐游行以及与该仪式相关的动物形象[111]。在一个鼓手和一个戴着号角的男人的带领下，一列粗野的音乐游行队伍向罪犯的家进发。如果罪行是不忠，在粗犷的音乐响起时，人们会在屋前摇动一根装饰了衬裙、挂着绑了鹿角的马头的长杆。如果罪人反抗的是女性的被支配地位，比如殴打自己的丈夫，则会由违法者的代理人来表演这可耻的行为，"丈夫"手持纺纱杆（作为女性被征服的象征）倒骑在马或驴上，"妻子"（通常由穿着女装的男人扮演）用撇渣杓打他。游街示众"skimmington"一词来自于"skimming ladle"，原意是女人们用来制作黄油和奶酪的一种厨房工具。[112]

95

对动物福利的关注

尽管存在着动物虐斗、在羞辱仪式中使用动物，以及数量众多且广泛存在的猫狗大屠杀，但在16世纪仍然回响着捍卫动物的声音。当时最著名的动物支持者当属米歇尔·德·蒙田（1533—1592），他在《为雷蒙德-塞邦辩护》中雄辩地提出了对动物的关注：[113]。

在众生中，人是最悲惨、最脆弱的，因此也是最骄傲、最目中无人的。那些意识到并看清了自己被置于世界的困境和泥沼中的人，被紧紧地与世界上最糟糕、最没有意义、最低落的部分困在一起，在房子最糟糕的角落里，在距离天堂最远的地方，与那三种中最糟糕的情况待在一起……他将自己从其他生物的行列中挑拣出来。凭着自己的理解，他是如何得知野兽的内心和秘密的行为的呢？他又是通过野兽与人类之间的哪些相似之处，推断出它们的残暴呢？当我和我的猫玩耍时，有谁知道它对我的随意敷衍是否比我与它玩耍更加有趣？我们用各种愚蠢的把戏来取悦对方。如果我有心开始或是拒绝，那么她也有她的意愿……阻碍它们和我们之间的那些交流的缺陷，为什么不是在我们身上，而不在它们身上呢？这是一种猜谜的占卜，我们错在并不了解彼此。我们对它们的理解并不比它们对我们的理解多。同样的道理，它们可能也会像我们一样，将人类当作它们的"野兽"。如果不了解动物也不必过分惊讶：这就像我们不了解康沃尔人、威尔士人或爱尔兰人一样。我们有一些理解它们感官的方法，野兽对我们也有同样的衡量。它们谄媚、奉承，它们威胁、乞求，如同我们一样。关于其他的事情，我们明显可以意识到，在动物与动物之间存在着充分且完美的交流，不仅是同种族的兽类能互相理解，甚至是不同物种之间的动物也能沟通自如……通过狗的一种吠叫声，马就可以知道狗很生气；而通过它的另一种叫声，就能知道它很平和。即使是在不能发出声音的动物身上，我们通过所观察到的那种相互的善意，也能轻易地推断出它们拥有其他的交流方式：它们的姿态和肢体语言。

沉默仍然有办法，

让言语和祈祷得以传达。

很明显，蒙田不仅认为动物并不比人类更"残暴"，而且认为动物是跨物种交流的参与者，能够做出善良和互惠的行为。然而，蒙田关于"动物是沟通技巧和感性的使者"这一说法，在下一个世纪被一种截然不同的看待动物的方式所淹没。

第5章

启蒙时代，公元1600—1800年

在启蒙时代，我们把动物作为哲学和伦理学的主题来看待。17世纪和18世纪 关于动物的哲学讨论比20世纪70年代之前的任何其他历史时期都多。三个迅速发展的趋势在一定程度上推动了这一讨论：新实验科学中动物活体解剖的普及，日益增长的城市化与动物作为食物和劳动力的商品化，以及印刷媒体的广泛使用。在科学的舞台上，辩论主要围绕着人类与其他动物在理性和道德上的异同。彼得·哈里森注意到了这场论战，他认为，蒙田一经宣称动物比人类更有道德性和理性，在下一个世纪，勒内·笛卡儿"不甘落后地提出了更有争议的反议题，他认为动物既没有理性也没有道德，它们甚至连意识都没有"。[1]

用笛卡儿的话说：

　　我无法同意蒙田和其他一些人把理解力或思想赋予动物本身……狗、马和猴子被教导去做的所有事情，只是其恐惧、愿望或愉悦的表现（笛卡儿称这些品质为"激情"）；因此它们可以不需要任何思考就完成动作。现在在我看来，使用文字是人类所独有的特质，这一点毋庸置疑。从来没有一种动物可以如此完美地使用一种符号来使其他个体理解一些不含任何激情表达的意思；也没有人能够完全不这样做，因为即使是聋哑人也发明了特殊的符号来表达他们的思想。在我看来，这是一个非常有力的论据，可以证明动物之所以不能像我们一样说话，不是因为它们器官上的缺失，而是因为它们根本就没有思想[2]。

98　　虽然笛卡儿确信"言语能力是人类身体中隐藏着的唯一明确的思想标记……并且可以视为人类与哑巴动物之间的真正区别"，他并不否认动物是有感觉的，毕竟"它们拥有产生感觉的身体器官"，并且他认为他的"观点与其说是对动物的残忍，不如说是对人的放纵……因为这一说法赦免了人们在吃肉或杀生时的罪恶"。[3]事实上，笛卡儿非常喜欢动物，至少非常喜欢他的狗格拉特先生，根据彼得·哈里森的说法，格拉特先生曾陪他散步（并且这种散步"并不像有些人所说的那样是走去解剖室的路"）。[4]

　　无论笛卡儿个人对动物的态度如何，"笛卡儿哲学"理论最终引发了人们关于人类和其他动物之间道德和理性的辩论，科学家、哲学家、艺术家和公众都参与到了这场旷日持久的讨论中，这场论战在1637年笛卡儿的《方法论》又译作《谈谈方法》发表后持续了近两个世纪。根据乔治·赫弗南的说法，《方法论》"不是笛卡儿最重要的作品，也不是他最具哲学思维的作品，甚至也不是他最'方法论'的作品，（但）它是笛卡儿最有代表性的作品"。[5]在考虑动物的历史再现时，《方法论》是"野兽机器理论"的代表，这是一种哲学论点，认为动物不过是机器而已。下面是笛卡儿的推理：

　　　　……虽然可能有许多动物在它们的某些行为中表现出比我们更多的技巧，但仍然可以看到，同样的动物在许多其他行为中根本没有任何高明之处——在这种情况下，它们比我们做得更好并不能证明它们有任何思想；因为如果它们有思想，它们理应会比我们任何一个人拥有更多的想法，并且不论什么事情都应该做得更好。相反，事实证明动物们根本没有任何思想，是自然界根据它们拥有的器官配置在其身上起的作用——就像人们看到一只由齿轮和弹簧组成的时钟，可以比我们用全部的智慧计算小时、测量时间更加精准。[6]

将动物视为机器的观点与当时席卷欧洲的新科学方法是一致的。西奥多·布朗写道："英国的罗伯特·胡克、法国的克里斯蒂安·惠更斯、荷兰的扬-斯瓦默丹和意大利的马尔切洛·马尔皮吉都学会了一个新的、已确定的正统机械/实验科学的共识。"[7]笛卡儿的机械哲学解决了许多17世纪令人困扰的问题。例如，对理性（心智）胜过肉体（身体）的颂扬，使妇女有机会对她们二等公民的地位提出异议，因为她们的生物学特征和相关的生殖能力不能再被用来对抗她们。[8]机械哲学也为动物活体解剖提供了理由。[9]

在动物还活着的时候就对其进行解剖是合理正当的，其理由是："动物感觉不到疼痛，因为疼痛只有在理解的情况下才会存在，而动物缺乏理解。他们只表现出痛苦的外在表现，这纯粹是对刺激的机械反应。"[10]动物的活体解剖是一项公开的活动。阿妮塔·圭里尼指出，由于在活体动物上进行实验需要由"目击观众"来验证实验结果，因此公开实验是一种重要的仪式和展示形式。活体解剖在17世纪60年代中后期达到顶峰，当时皇家学会进行的活体解剖约有三分之一是在齐聚一堂的学会成员面前进行的；到1670年，活体解剖则大多是私人活动。[11]

动物不仅在新的实验科学中被物化，而且在17世纪最流行的艺术表现形式之———厨房、市集场景和狩猎场景的猎物画中也被具象化了。纳撒尼尔·沃洛奇在考虑现代早期对死亡的美学描述时写到，虽然动物尸体被作为美的对象呈现出来，但动物的价值却远远低于人类的价值，这重新体现了人类中心主义对自然和动物的看法，以及一种在欣赏自然的同时利用自然的倾向。[12]

死亡动物肖像画

正如前一章所说的那样，随着人类与其他动物之间的关系日益商品化，食用动物的美学插图在16世纪开始兴盛。由彼得·阿尔岑和约阿希姆·博伊克雷尔开创了在厨房和市场场景中描绘死亡动物的传统，并在17世纪早期被弗兰斯·斯奈德斯所继承。斯奈德斯是一位多产的画家，死亡动物在构图中主要充当着人类食

99

图40　弗兰斯·斯奈德斯，《屠夫的商店》，约1640—1650年，布面油画。普希金博物馆，莫斯科。屠夫仔细地从一具悬挂的动物尸体上剥离肉皮和脂肪。

物和死去野味的角色。

　　《屠夫的商店》是一幅尤其有趣且可怕的作品，表现了动物尸体和身体部位作为食物的准备过程（见图40）。前景是一个血淋淋的盆里面装满了各种动物的头和脚（来自一头牛、几只羊和一只身份不明的动物，可能是一只鹿），房梁上挂着一串死鸟，旁边是一只被挖掉内脏的大型鬃毛动物（可能是野猪的身体，它的头就在旁边），几块肉块，雄鹿仰面躺着，一条腿伸向空中。屠夫嘴里咬着刀，100　专心致志地剥除动物的皮和脂肪。一个女人在背景中工作，旁边是一头已经剥了皮的牛。

　　在屠夫的店里展示动物身体部位的传统，在某些宰杀动物尸体的图解绘画中得以延续，尤其是被剥皮的牛。伦勃朗的《被宰的牛》可能是受到了早期博伊克雷尔的一幅杀猪图的启发，是这类图画中最著名的一幅（见第120页图41）。

猎物画，或称野味静物，产生于16世纪的市场和厨房场景，而且当时的政治和宗教条件，使得静物画成为一种相对安全的艺术创作方向。恩斯特·贡布里希写到，随着新教改革（发生在1500—1700年的两百年间）的到来，人们开始抵制教堂里的画像和雕像，使得"为教堂绘制祭坛壁画"这一荷兰、德国和英格兰等北方新教国家画家的最佳收入来源被切断[13]。大多数新教地区的画家转而为书籍画插图和创作肖像画，在欧洲只有一个新教国家——荷兰的"艺术在宗教改革的危机中完全幸存下来"。[14]那里的艺术家并不只专注于肖像画，还专攻一系列不会被新教教会认为有异议的题材，如自然、日常生活场景和其他"风俗画"，体现了他们擅长表现"事物的表面"的技巧，尤其是对自然和动物的描绘[15]，如死亡的狩猎战利品艺术。

斯科特·沙利文在对荷兰猎物画的大量研究中指出，荷兰对这类画作的需求随着经济和文化的扩张而增加，这使得越来越多的中产阶级接受了艺术时尚和消遣，包括在城外购置乡村庄园，以及在新房的墙上悬挂装饰画。[16]既然崛起的中产阶级不被允许对珍贵猎物进行捕猎，那么退而求其次的办法就是拥有一幅猎物画，这是参与狩猎运动的普遍标志，也是艺术品拥有者社会地位上升的证明。[17]18世纪法国猎物画艺术的流行也遵循着类似的轨迹：随着资产阶级的日益繁荣，猎物画被视为时尚。[18]17世纪的死亡动物战利品艺术延续了从16世纪开始的大型全景狩猎场景的叙事风格，但却以猎物画的细节来表现。继承了古希腊的艺术传统，装饰在别墅墙壁上，画了小动物、水果和面包的镶板画——第一幅猎物画是巴巴里在1504年创作的挂在狩猎装备旁边的死鹦鹉，这幅画我们在上一章提到过。[19]

17世纪上半叶的早期猎物画是由彼得·保罗·鲁本斯和弗兰斯·斯奈德斯绘制的。两位艺术家在他们的作品中都使用了类似的动物形象，如张开翅膀的天鹅和咆哮的野猪头颅。[20]斯奈德斯还经常用人的姿势来摆放动物尸体——仰卧，双

图41 伦勃朗·凡·莱因,《被宰的牛》,1655年,布面油画。卢浮宫,巴黎。砍去头和蹄子的牛被挂在一个结实的框架上。

腿交叉,头向一侧倾斜,脖子从身体中伸出——很像是"倒下的战士"。[21]图42是描绘对象模仿人的姿势的一个很好的例子(并使用了白天鹅作为画面的中心)。摊贩似乎抱着一只大鸟(也许是孔雀),就像抱着人的尸体一样。虽然画中除了人以外还有几只活着的动物,几只鸡和两只好奇的狗,但大部分动物都是死去的猎物——画面中心的天鹅,一只被挖了内脏的鹿,一只兔子,许多大小不一的鸟,还有一只嘴巴张开、伸出舌头的野猪头。

这幅画上展示了只有贵族才有权猎捕的动物,如雄鹿、野猪、獐子、榛鸡、野鸡和天鹅等[22]。这些珍贵的猎物取代了16世纪厨房和集市场景中常见的家畜,以"贵族的优雅"取代了平凡。[23]

贵族的显赫、奢华和铺张也是在展示餐食和餐桌装饰时动物们的核心表现。17世纪的贵族宴席和酒会往往充斥着各种艺术创作,比如以珠光宝气的天鹅作为馅饼或珍稀食物的顶部装饰,或是将一整支管弦乐队、满载货物的货船、珍奇的填馅动物如猴子和鲸,放在馅饼周围,还有描绘了狩猎场景或在森林中随意游荡的野生动物图案的餐桌装饰。[24]

斯奈德斯的猎物画完全没有血迹和猎物死亡的证据,这是他早期肉铺和厨房场景画的核心属性。例如,在图43(见第122页)中,野猪的头又出现了,只是这一次没有血迹,也没有垂在外面的舌头。在《鱼市》(见第122页图44)中,画布上分布着各种各样的鱼,有的还活着,有的明显死了,但没有血迹。有人认

103

图42 弗兰斯·斯奈德斯，《野味货摊》，约1625—1630年，布面油画。约克美术馆，约克博物馆信托基金会。在摊贩的陈列品中，一只翅膀张开的死天鹅构成了画面中心。

为，从表现死亡动物的画作中去除血迹的趋势，是禁止在死亡动物外观上展现可怕或令人作呕场景的早期萌芽。[25]

　　沙利文写到，直到17世纪中叶，猎物画中大部分表现的都是烹饪场景。但在1650年之后，这一流派作品变得更像是战利品画作，画面的重点是死去的动物、狩猎武器、猎犬和自然风景，通常说明了所捕获猎物的来龙去脉[26]。因此，虽然肉类的过度消费一直持续到17世纪，但对市场和厨房场景中奢侈丰盛的描述却逐渐减少，取而代之的是装饰性狩猎场景中的数量更少的动物尸体，比如陈尸在狩猎亭外的动物们[27]。第一幅流行起来的、以狩猎而非食用为主题的猎物画出自扬·费特。[28]费特的经典作品是狩猎战利品、死去的雄鹿和鸟类。沙利文指出，在费特的作品中，水果和蔬菜被剔除，取而代之的是猎狗，背景也不再是室内的

105

104　　图43　弗兰斯·斯奈德斯，《带页码的厨房场景》，约1615—1620年，布面油画。华莱士收藏，伦敦。这幅画中，一人若有所思地望着刚杀的龙虾、孔雀和其他野味。

图44　弗兰斯·斯奈德斯，《鱼市》，约1618—1621年，布面油画。圣彼得堡冬宫。这幅作品中，一块块厚切的鱼肉悬挂在一大排的海洋生物上方。

图45 扬·费特的追随者（1609—1661），《野兔、鸣禽和捕鸟网的静物》，布面油画。拉斐尔·瓦尔斯画廊，伦敦。死去的野味动物被画在狩猎发生的自然环境中。

桌子，而是户外的风景[29]（见图45）。

随着猎物画更加注重风景和狩猎，死掉的动物越来越多地被与猎具画在一起。然而，狩猎装备的展示是随意的，主要是作为简单的道具使用；大量猎具的加入表明捕获猎物的方法多种多样，孔雀等通常不被捕猎的鸟类也经常作为中心主题的附属来展示。[30]

尽管17世纪的死亡动物绘画中描绘了许多动物种类，但鸟类在这其中是最受欢迎的，这也许是因为大量的鸟类迁徙到荷兰，而且当时有许多物种被猎杀。[31]捕鸟有很多种方法。其中一种做法是给鸟类投喂浸泡过葡萄酒的谷物，当鸟儿醉了无力飞翔时，猎人就把它们捡起来；另一种策略是在小树枝上涂上黏性物质，

106

用诱饵吸引鸟儿，使其粘到树枝上。这两种方法在捕捉活的鸣禽时都很有用，这些鸣禽会被关在笼子里，在市场和集市上出售。[32] 人们捕捉鸟类时用到很多种类的网和陷阱，当捕捉到小鸟时，会把它们杀死，然后把它们的头卡在一根被扭曲或劈开一半的柳枝中间，以便把鸟儿整齐地排成一排。[33]

虽然荷兰的猎物画艺术在17世纪就已经结束，但这一流派在欧洲其他地区一直延续到18世纪。例如，让－巴蒂斯特·乌德里在优雅的户外场景中描绘死去的猎物，说明狩猎在法国贵族中的重要性。图46展示了其晚期装饰性猎物画的佳作。在画的中央，有一支打猎用的来复枪，靠着一张摆满水果和酒的桌子。桌子的一边是一只躺在地上的死狼，另一边是两只活泼、警惕的猎犬。血迹已经被清

图46　让－巴蒂斯特·乌德里，《死狼》，1721年，布面油画。华莱士收藏，伦敦。一把来复枪靠着摆放着葡萄酒和水果的架子，架在活着的猎犬和死去的狼之间。

图47 让-巴蒂斯特·乌德里，《兔子和羊腿》，1742年，布面油画。克利夫兰艺术博物馆， 108
俄亥俄州。这幅画本是构成餐厅面板的一部分。

除，关于狼是如何遭遇如此命运的任何证据都已消失不见，只留下一个假设，那就是这匹狼是被摆在显眼位置的来复枪里的子弹击中而身亡的。

《死狼》还有一幅姊妹篇《死狍子》，展示的是一头狍子的尸体和一只展翅倒挂的大鸟。猎狗活蹦乱跳，警惕地守着猎物，一只狗在观察现场，另一只狗正吓走一只同样张开翅膀的大鸟。虽然这些户外狩猎场景是贵族狩猎叙事的再现，但乌德里也画了一些简单的静物，如图47（见第125页）中挂在墙上的动物尸体。在这幅画中，一只死去的野兔脚边挂着一块羊肉，这个主题类似于早期厨房中死去的食用动物的场景。这幅画本来是要作为餐厅面板的一部分，它极其逼真地描绘了肉和脂肪，以及野兔的毛发、空洞的眼睛和鼻子上挂着的一小滴血。这幅画还从解剖学的角度，体现出人们对宰杀前和宰杀后动物身体的看法。

狩猎的表现并不局限于猎物画作品。在17世纪，穿着华丽、牵着猎狗、举着武器摆出狩猎姿势的猎人肖像画十分受欢迎，这再一次证明了狩猎是一项特权运动。[34] 伦勃朗画了一些最早的猎人肖像画，比如1639年的一幅自画像，他在画中高高举起一只死去的麻鹬展示给观众。伦勃朗的狩猎肖像画是一幅经过深思熟虑的作品，麻鹬占据了前景，而猎人则在背景中略微隐蔽，但大多数猎人肖像画更多的是对贵族特权、猎人和猎犬之间的感情以及对猎物收集的炫耀。而与猎物画一样，猎人肖像画也是试图对社会地位进行陈述，对特权猎人和完美猎犬做出描绘。

活体动物肖像画

17世纪对动物的艺术表现并不仅仅出现在以动物尸体为素材、以饮食或狩猎为主题的画作中。许多艺术家画了普通的活体动物，如牛、马、鹿、狗和鸟。一百多年来，海牙最著名的画作之一是荷兰艺术家保卢斯·波特于1647[35]年创作的《年轻的公牛》（见图48）。

这是有史以来第一次，动物以自己的身份，在它们生活的草地上得到展现，而不是作为人类的背景或前景。虽然《年轻的公牛》中确实有一位老农站在牛羊身后，但波特极少刻画人的形象。他的主题是当时荷兰常见的普通家畜：牛、绵羊、猪和山羊。一位研究波特作品的学者指出，虽然荷兰艺术家经常在他们的风景画中加入动物，但动物只是为了强调乡村的质朴自然，但波特"为了牛而画牛，它们是明星，风景只是背景……画得如此细致自然，在他的一些描绘牛的画作中，甚至可以清楚地看到牛身上的粪便"[36]。

波特的乡村牛只代表了那些乡下作为家畜的牛。但在18世纪，一种截然不同的表现方式变得流行起来，这种表现方式让我们回到了动物的对象化和肉体化——为获奖牛画肖像。有血统的牲畜是为富有的饲养者而画的，他们委托别人为自己的珍贵动物画像。牛被描绘成巨大的方形身体，强调其体型和血统，并以

110

图48 保卢斯·波特，《年轻的公牛》，1647年，布面油画。毛里求斯，海牙。在自然环境中生活的农场动物们。

此证明牛的价值，进而强调了主人的社会地位。[37]哈丽雅特·里特沃写到，18世纪晚期畜牧业的目的是生产出能迅速长成大块头的动物，这样它们就能提供更多的肉类。即使没有特殊的饲养技术，这种"加速产肉"也能实现，人们将敞开的牛舍围起来，给动物喂食萝卜，这是一种全年都可以种植的饲料，可以使动物的体重在整个冬天都保持不变[38]。

牛并不是当时唯一被积极饲养的动物。完美和理想的类型也被刻画在家养狗的身上，尤其是猎狐犬。虽然狩猎犬自古以来就有繁殖，但加里·马尔温指出，现代猎狐犬的人工繁育历史只有短短250年，人们是为了速度和耐力而培育繁殖它们的，使它们拥有能够每周跑两次50英里的匀称身体[39]。到了17世纪末，马匹被培育成可以从事各种工作，包括打仗、狩猎、农业、拉两轮的运输车和四轮马车、私人运输和体育比赛等。[40]绵羊则被选择性地养在羊舍里，这样它们的羊毛就不会受到外界气候的影响而"损害利润"。[41]

在17世纪，动物肖像画也经常被用来传达政治信息，特别是在精心设计的斗争和暴力展示中。例如，动物身为捕食者和猎物，紧张激烈的斗争一直是流行的动物文化表现，这在启蒙运动中有许多艺术表现。一件独特的刻印雕塑作品（见图49），展示了一只野兽正在攻击一只驯养动物。因此，尽管类似的表现手法自古以来就很常见，但强烈的情感和爪子撕裂皮肤时的生动细节，以及动物在遭受生命威胁时的面部表情，在17世纪和18世纪被表现得日趋完美。

动物被用来表现对外来侵略的抵抗和对暴政的反抗，如扬·阿瑟林在17世纪中叶创作的作品中所表达的那样，一只愤怒的天鹅正在保卫它的巢穴[42]。天鹅被公认为是勇敢的动物，而这一特点在描绘一只英勇的天鹅保护雏鸟不被狗接近的画面中得到了体现。白天鹅愤怒地抬起身子，对着狗狂嘶，翅膀张开，羽毛飞舞，在地上留下排泄物。虽然我们对作品的创作者本人"是否想把这幅画理解为国家受到侵略的象征"不得而知，但之后这幅画的拥有者确实是如此来解读的，天鹅蛋上被刻上了"荷兰"，狗的形象上刻上了"国家的敌人"（英国）字样。天鹅本身被刻上了"受雇佣者，约翰·德·维特"的头衔，这里代表的是一位著名

图49 安东尼奥·苏西尼（活跃于1572—1624年）或乔凡尼·弗朗切斯科·苏西尼（约1585—1653年），《狮子攻击公牛》，青铜器，1700—1725年，临摹詹博洛尼亚（乔凡尼·达·博洛尼亚或让·布洛涅，1529—1608年）的模型。洛杉矶保罗·盖蒂博物馆。

的公务员，是荷兰对抗英国利益的热心守卫者。

　　死去和活体动物的肖像画、狩猎战利品、生物学完美性的表现、政治的象征，这些都可以在富人所委托和为他们创作的图像中找到。除了本章后面讨论的威廉·霍加斯的版画之外，普通人生活中的动物能够留下视觉记录的少之又少。然而，动物形象是17到18世纪社交仪式和典礼的重要组成部分。

仪式化的动物屠杀

112

E. P. 汤普森（爱德华·帕尔默·汤普森）认为，18世纪的英国是一个充满麻烦和深刻矛盾的地方，到世纪末，尽管有农业革新和粮食盈余，但农村人口还是严重贫困[43]。在法国，现代早期的农民也处于水深火热之中。17世纪90年代，瘟疫和饥荒袭击了法国北部，迫使人们只能靠捡食屠夫扔在街上的动物内脏或吃草为生。[44]农民在饥饿和死亡中不断挣扎，在空旷的田埂间劳作，集体播种和收割，生活在一个"冷酷无情且无休止的辛劳，原始、压抑、残忍的情感世界里"。[45]

由于在欧洲，平民的公民权被剥夺了，仪式和典礼便成为他们生活的核心；正如赫伊津哈所言，"日常的生活越是悲惨，就越需要强烈的刺激来产生兴奋"，而节日恰好可以提供这些刺激。[46]E. P. 汤普森提出，人们倾向于认为18世纪的英国是一个依靠消费主义和文雅礼节而繁荣的社会，随着魔法、巫术和口述传承被识字和启蒙所取代，习俗和礼仪也随之改变。但对于传统习俗和仪式的改革却遭到了平民的抵制，在整个欧洲的贵族文化和下层阶级文化之间形成了巨大的鸿沟。[47]

除了游行示众那些殴打丈夫的妻子，以及对妇女进行巫术指控这些古老的传统之外，[48]17世纪和18世纪的人们在他们的仪式和典礼上大量使用动物和动物象征符号。启蒙运动时期，仪式化的庆祝活动和娱乐活动往往以动物虐斗[49]结束，并深刻地植入了动物的意象。角继续被用来祭祀阳刚之气。在"角舞"中，男人们通过戴上鹿角来模仿雄鹿（鹿角太重而无法真正戴上，所以被放在支架上，影子投射在男人的头和肩膀上）；圣诞节时，雕刻的动物头颅或头骨（通常是马、公羊或公牛的头颅）被抬到街上，[50]在忏悔日的星期二，人们鞭打公鸡。[51]狗在圣卢克节被鞭笞，如果是流浪狗被抓到会被慢慢淹死取乐，鹪鹩在圣斯蒂芬节被猎杀，羽毛并被活活拔光，[52]还有数不清的猫在这些所有的节日里惨遭折磨——它们被装在袋子里，被吊在五月柱的绳索上，被烧死在火刑柱上，在街上被追赶着飞奔，被整袋整袋地焚烧。[53]

113　　　继列维-斯特劳斯常被引用的"动物有利于思考"的论断之后，[54]罗伯特·达恩顿写到，由于猫的仪式价值，它们特别"适合举行仪式"。[55]18世纪在整个欧洲地区，虐猫依旧是一个广泛流行的娱乐消遣方式。在法国和德国，人们在喧闹粗犷的音乐中折磨猫［在那里喧闹（charivaris）一词被称为"katzenmusik"，很可能是指猫在痛苦中的嚎叫］。[56] 达恩顿还说，"在仪式上杀猫十分寻常"，当时的人们在猫的哀鸣中听到了很多东西：巫术、狂欢、戴绿帽、喧闹和屠杀，对猫的折磨总是包括同样的三个要素：篝火、猫和滑稽的猎巫活动。[57] 作为巫术的象征，猫与女人联系在一起［"阴部（pussy）"一词在法语俚语中的含义与英语中的含义相同，几百年来一直是一种淫秽的说法］，而且"从女人的性行为很容易联想到给男人戴绿帽子"。[58] 彼得·伯克在描述 17 世纪的流行文化时指出，节日和仪式在巴黎、马德里、罗马和那不勒斯等天主教城市特别流行，它们通常是由年轻的成年男子组织的（如"暴政的修道院"），以促进社区团结和公民自豪感，并作为"逆转的仪式……（它们是）一种象征性的颠倒世界的仪式，在某种程度上起到了社会安全阀的作用"[59]。

一个很好的例子是，在 18 世纪 30 年代，巴黎印刷厂的工人们因为对猫的不满而进行的屠猫事件。达恩顿据一位印刷厂员工的口述记录下了这件事。[60] 印刷商雅克·文森特和他的妻子很喜欢猫，尤其是女主人最爱"灰猫"，而文森特厂里的工人却受到了恶劣的待遇，他们被要求长时间工作，被喂食（家里的猫不乐意吃的）腐烂的肉块，而且猫在工人卧室的屋顶上嚎叫，使他们夜夜无法入睡，非常痛苦。主人和他的妻子睡懒觉的时候，工人们却要在一个又一个黎明时分摇摇晃晃地从床上爬起来。这之后，工人们决定让文森特夫妇度过一个"不眠之夜"。它们靠近主人的卧室，并发出可怕的嚎叫和喵喵声，在几个不眠之夜之后，文森特夫妇认为自己被施了巫术，于是命令工人们将这些闹腾的猫咪赶走。工人们和工匠都很乐意这么做。"他们用扫帚柄、铁棍和其他工具，追捕所有能找到的猫，从灰猫开始"，用铁棍打碎它的脊柱[61]，把它藏在水沟里，而工匠们则把所有能找到的猫都打成重伤，关起来，赶到屋顶上，装进麻袋里。在把一袋袋半死不活的猫扔到院子里后，工人们进行了一次模拟审判，宣布这些猫有罪，进行最后的仪式，把它们吊在绞架上。在随后的日子里，当印刷厂想抽出时间来娱乐时，这些事就被一遍遍地重演，并伴随着"粗暴的音乐"（工人们用棍子划过铅字箱的顶

114

部，敲打橱柜，像山羊一样咩咩叫）。达恩顿指出，我们之所以能够接触到这些关于动物屠杀的叙述，认为这是一种颠覆社会秩序、考验社会界限的仪式，是因为印刷厂的排字工人是工人阶级中为数不多的有文化的人，他们可以亲笔描述出三百年前的生活样貌。

狩猎的隐喻在17世纪和18世纪的仪式和典礼中扮演了核心角色，其中充斥着马、雄鹿和猎犬的形象。基于狩猎的意象，中世纪那些羞辱罪人的仪式一直持续到启蒙时期。E. P. 汤普森描述了当时的一种羞辱仪式，它使用了令人无法忽视的狩猎意象，即德文郡的猎鹿仪式[62]。一个戴着鹿角、有时会披着兽皮的青年充当受害者的代理人，他在附近的树林里故意被发现，被猎犬（由村里的年轻人装扮而成）在村中街道和庭院间追赶一个多小时。在最后的杀戮之前，"雄鹿"会避免太过靠近受害者的房子，但当杀戮发生时，现实是如此残酷——"雄鹿"倒在受害者的门阶上，胸前挂着装满牛血的膀胱，被猎刀刺穿，血洒满了"受害者"房子外面的石头。

动物形象是街头戏剧形式的核心，包括喧哗粗犷的音乐仪式，这些仪式不仅通过嘲弄社会犯罪者来宣传丑闻，而且还维护了权威的合法性。[63]在严重的性犯罪案件中，仪式上的猎杀是敌对的表现，具有神奇的意义，当罪行侵犯了被允许的界限时，大众会将猎物驱逐出其保护范围；"雄鹿"最终倒下，鲜血洒在"受害者"的门口，这是对耻辱的公开宣布。[64]

马和"性放纵"的妇女是仪式中常见的形象。莫里斯舞者将马的缰绳系在腰间，模仿一匹小马，被称为"小木马"（Hobby-horse，这个词也委婉地代指滥交的女人或妓女）。在肯特郡，舞者们在音乐声中牵着乌蹬马到处跑。与"小木马"相似，乌蹬马也是一根杆子，杆子上安装着一个木制的马头，马头上有一个铰链式的下巴和一个遮挡人脸的兜帽。骑木马（及其变体：骑刺）是一种公开的刑罚，要求罪犯跨在一匹木马上，两腿上绑着重物，有时"马背"不是光滑的木板，而是尖锐的表面，从而增加了惩罚的强度。

娱乐性的动物展览

在信奉新教的伦敦，传统节日逐渐式微，取而代之的是较新的流行文化形式，如专业艺人的街头表演、在当地酒馆举行的公共戏剧和动物虐斗等[65]。虽然巡回表演者仍然会带着畸形怪胎、珍奇动物和偷窥秀（也称"稀有秀"）到乡间旅行，但17世纪在集市、节日和杂耍中举办的动物展览主要集中在伦敦。[66]家畜经常出现在杂耍中，特别是那些怪异的、有天赋或残废、畸形的动物，往往会与巨人、侏儒、毛孩和白化病患者等异常的人类一同展出。[67]

有天赋的动物极受欢迎——会跳舞的熊、能表演的鸟和训练有素的马（如著名的摩洛哥马，能在听到主人耳边低语后将手套还给主人），自16世纪起就成为伦敦的标准娱乐项目。[68]观众特别喜欢观看受过训练的动物表演人类的行为。除了展示鸟类和跳蚤拉车外，表演者还训练出了会打鼓的野兔、用稻草片决斗的苍鹰；随着18世纪表演变得越来越精细复杂，公共表演还展示了装扮成人类的狗和猴子，它们会像人一样，展开袭击、跳舞、在桌子上吃饭和打牌。[69]虽然约瑟夫·斯特拉特对一些更壮观的动物把戏是否真的曾经"在现实中展示过"表示怀疑，但他声称许多与他同时期的人在1800年都曾目睹过一个名为"逃兵鸟"的表演，该表演是由一个杂耍者于1775年在干草市场对面的科克斯珀街举办的：[70]

几只小鸟从不同的笼子里被带出来，我觉得一共有12或14只，放在一张面对观众的桌子上；在那里，它们排成队列，就像一个士兵连：头上戴着类似掷弹兵军帽的圆锥形小纸筒，左边翅膀下夹着小小的木头仿制小火枪。装备好之后，它们来回走了好几趟；这时，一只鸟被带到它们面前，应该扮演的就是逃兵，站在三个一排的六个步兵鸟中间，它们领着这只逃兵鸟从桌顶走到桌底，桌子中间之前摆放了一门装了一点火药的小铜炮，逃兵鸟就站在炮的前方；然后押解它的卫兵分头行动，三个退到一边，三个退到另一边，让这逃兵独自站着。另一只鸟立即出列；一根点燃的火柴被放入它的一只爪子里，它大胆地单

116

脚跳到大炮尾部，用火柴点燃引线，并且没有表现出丝毫害怕和激动，放下了火柴。爆炸发生的那一刻，逃兵鸟倒下了，躺在地上，一动不动，就像一只死鸟；但是，驯兽师一声令下，他又站了起来；笼子被取来，这些身披羽毛的士兵被剥去了身上的饰物，井井有条地回到笼子里。

对动物从事及参与人类活动这类行为的观赏狂热，同样也体现在了文字和视觉艺术领域。例如，在让－巴蒂斯特·乌德里创作的寓言故事《患了瘟疫的动

图50　扬·科莱尔特（1566—1628），继扬·凡·德·斯特雷尔（1523—1605）之后，《贵族在室内马戏团观看野兽的搏斗》，手绘雕刻①，出自《狩猎：野兽、鸟、鱼》第12版。

---

① 面板画或镶板画，与布面油画的灵活性相比，面板画是为特定空间场景进行创作的绘画，尺寸形状依照背景空间而定，如教堂祭坛或壁龛、商店或室内装潢等。——译者

物》中，一群动物在讨论一场瘟疫的暴发。他们认为这苦难是为了惩罚他们的罪孽而来，因此决定为了大家的利益，让他们中罪孽最深的那个忏悔并被献祭。一头驴子忏悔了一个很小且不明显的"罪"，而其他动物却认为这是一个理应上绞刑架的罪行："人类的法庭将强者无罪释放，却为弱者定罪，这是错的。"[71]

18世纪，獒犬与熊之间以及牛与狮子之间的搏斗被确立为制度化的娱乐活动，并在大城市建立了专门的搏斗场，如维也纳的赫兹剧院和伦敦的沃克斯豪尔，那里除了上演斗兽表演（见图50），还有驯狮表演、木偶师和摔跤手的表演。在巴黎，有执照的企业家让狗与狼、鹿、野猪、狮子、老虎、豹子、北极熊和山魈对决。[72]同样在巴黎，礼拜日的下午和公共假日期间会在一个圆形竞技场举行斗牛比赛，獒犬被置于兽坑中，与公牛或其他野生动物进行对决，比赛会以狗与驴之间的虐斗结束；这些新的娱乐场所"构成了18世纪多样化的游乐景点"。[73]斗牛比赛是在城市东北边缘的竞技场举行的，18世纪80年代，竞技场主试图在斗牛比赛中使用人类斗牛士，竞技场被暂时关闭；到了90年代，人们认为这项血腥的运动会对人类观众造成道德上的伤害，并因此再次关闭了竞技场；到了1833年，该竞技场被永久废弃。[74]

外来动物和宠物

随着对未知世界探索的增加，越来越多的外来动物被带入欧洲，供私人拥有、饲养和公开展示。例如，在18世纪的巴黎，大量的外来动物被当作宠物饲养，这一流行与个人财富的积累有关，许多城市居民能够购买和拥有那些奢华的动物，[75]如猴子和鹦鹉。

19世纪之前鹦鹉在欧洲一直是外来动物，它们高昂的价值不仅是因其稀有，还因为它们可以模仿人类说话的特殊能力。[76]路易丝·罗宾斯写到，男性作家经常将女性与鹦鹉（以及其他宠物）联系在一起，并根据该动物象征的是她的男性情人还是情敌，将这种关系描绘成女性的轻佻或是任性；让-巴蒂斯特·格勒兹

117

118

有一幅画表现了少女对鸟儿的忧伤，一位男性作家对此发出了感叹："这样的痛苦！在她这个年纪！为了一只鸟！"[77] 布鲁斯·博伊赫勒将17世纪绘画中的许多鹦鹉形象解读为更大的殖民主义话语体系的一部分，这种话语将鹦鹉与装饰性的背景和奢侈消费品、异国情调的玩具以及黑人奴隶等底层阶级的人联系在一起，他们是当时欧洲贵族不可或缺的奢侈拥有物。[78]

18世纪驯养宠物的风潮迅速流行开来，人们宠爱的动物种类不断扩大。家家户户都饲养着小羊、兔子、小鼠、蝙蝠、蟾蜍和刺猬当作伴侣动物；各种鸟类被捕捉并在伦敦大型鸟类市场上出售，有擅长歌唱的鸟，有能模仿人说话的鸟，还有作为名誉宠物饲养的野生鸟类，如知更鸟[79]。虽然把宠物当作个人财产的观念在这个时期开始深入人心，但偷窃只为取乐而饲养的动物并不违法，那些动物原先被允许住在家里，拥有了名字，而且从来不会被吃掉（不是因为这些令人愉悦的动物不好吃，而是因为它们与人类关系密切）[80]。的确，娱乐动物有时也会被吃掉，但通常只是在迫不得已的情况下。路易丝·罗宾斯回忆说，在一次将异国动物运回法国的漫长海上航行中，饥饿的船长和水手们宁可先吃掉船上仅存的饼干屑、蛆虫和老鼠粪便，也不愿吃掉船上那些珍贵的鹦鹉和猴子。[81]

狗和狂犬病

宠物狗在英国很受欢迎。到了18世纪末，几乎人人都养狗，据估计，人口中有100万只狗，大多数都是为了消遣而饲养的。[82] 对大量街头流浪狗的担忧使得执政者试图限制穷人养狗的数量，而且在18世纪曾多次尝试征收养狗税。最后，狂犬病在18世纪末成为一个严重问题，作为控制疾病的手段之一，1796年通过了养狗税，主要是通过清除穷人的狗来实现对狗数量的控制，因为穷人的狗不像绅士的狗那样，一旦出现狂犬病的症状就会被关起来。[83]

与早期控制瘟疫蔓延的其他尝试一样，为了阻止狂犬病的扩散，人们对狗进行了大规模屠杀。在1738年爱丁堡暴发狂犬病期间，动物们被乱棍打死或被赶进港口淹死，每每杀死一只动物都有赏金。[84] 1796年颁布了狗证法，直接后果是成千上万没有狗证的狗在全英国范围内被屠杀。[85] 人们大量消灭疑似患有狂犬病的狗，其理由与在上一章讨论的瘟疫暴发时屠宰猫狗的理由相似。里特沃写到，狂犬病、鼠疫和霍乱都与混乱、污秽和罪恶有关[86]，正如上一章所指出的，在那些因畏惧瘟疫而展开的屠杀中，流浪动物被认为是无序的、不洁的、有问题的，因为它们并不从属于任何一个固定的社会关系。[87] 狂犬病被认为是"不稳定的社会力量"的结果，而为了控制疫情而做的尝试（包括发放养狗许可证、强制让狗戴上口罩、围捕对社会有危害的流浪狗）证明了"对危险的人类群体的污名化和限制"是合理的，例如"具有暴力和破坏性"的屠夫、贫穷的狗和狗主人一起生活在肮脏的环境中，以及每天让宠物在街上游荡寻找食物的狗主人。[88] 正如里特沃所指出的那样，对狂犬病的屠杀防控工作因人类对其他动物的统治观点所强化。这种等级制度在动物展览中也普遍存在。

119

教育性的展览

随着启蒙运动的到来，"理性娱乐"或者说寓教于乐的现象增多，动物表演被认为是进行博物学教育的机会。[89] 在巴黎，博物学家们游走于集市和斗兽表演，以了解各种动物的身体和行为特征，到了18世纪后期，动物表演的主办人开始宣传他们展品的博物学价值。[90] 当时在伦敦埃克塞特交易所①饲养的异国动物从来没有以杂耍或马戏团表演的形式展出，而是作为在自然栖息地可能看到的野生动物形象展示给民众[91]。然而，埃克塞特交易所里的"自然栖息地环境"只是图画，展厅的墙壁上装饰着热带植物，动物们仍被关在小小的笼子里。[92]

---

① 埃克塞特交易所（Exeter Change）建于1676年，位于伦敦斯特兰德大街北侧的埃克塞特伯爵故居遗址，以1773年至1829年间占据其上层房间的动物园而闻名。1829年埃克塞特交易所被拆除，1831年原址重建的埃克塞特特厅（Exeter Hall）开放并使用至1907年，再经拆除后建成的斯特兰德宫酒店（Strand Palace Hotel）于1909年开业并营运至今。——译者

图51　彼得·隆吉，《犀牛》，1751年，布面油画。雷佐尼科宫，威尼斯塞特森特博物馆。这是自1515年丢勒的《犀牛图》以来，在欧洲出现的第一幅（以犀牛为主体的）作品，彻底纠正了丢勒的错误，因为丢勒并不是根据实际观察画出来的。

17世纪，动物园和珍奇柜最终向公众开放，部分原因是贵族和皇室越来越希望表现出强大且有教养的形象来讨好民众。[93]虽然一直到1834年，伦敦塔的皇家动物园仍然象征着人类对自然界的征服，但它也为许多人提供了观察不寻常动物的机会。[94]16世纪到18世纪之间，伦敦塔的动物种类并没有太大变化，[95]但人们仍然千里迢迢地赶来观赏动物园里的狮、虎、熊、鹰隼和猴子。在许多情况下，动物们都会被巡回展出，特别是当它们是不寻常的个体或是舶来动物的时候。大象汉斯肯于17世纪在欧洲各地展出了6年，犀牛克拉拉（见图51）在18世纪中期乘坐马车游遍了整个欧洲，她的受欢迎推动了犀牛版画、犀牛雕刻艺术品的销售和犀牛软帽、假发和发型的开创。[96]

这很可能就是被扬·旺德拉尔作为《人体骨骼图解》（一系列关于人体骨骼与肌肉的版画）的背景进行肖像素描的克拉拉。旺德拉尔的犀牛肖像成为西方第一幅准确的犀牛画像，最终纠正了丢勒1515年那幅素描的错误，正如前一章所提到的那样，那幅素描并不是基于他自己的观察，而是在其他人对该动物的描述基础上创作出来的。

在18世纪70年代之前，伦敦塔是伦敦所有动物园中唯一的长期展览，当时野生动物在埃克塞特交易所展出。[97]淡季时，一个小型的巡回动物园在那里驻展。据报道，乔治·斯塔布斯从动物园买来了一具老虎的尸体，并花了一个晚上的时间"腌制（盐渍保存）这只丛林中曾经的巨大暴君"[98]。在16世纪和17世纪，通过盐渍、还原成骨架或用稻草填塞的方法来保存动物尸体是很常见的。[99]

路易十四在17世纪60年代建造的凡尔赛宫是最为著名、记录最为翔实的动物园之一。事实上，路易十四建造了两个动物园，一个是在巴黎郊外的文森，另一个更加精巧，建造在凡尔赛郊外的皇家狩猎小屋的遗址上。[100]在文森，当国王想招待外国游客时，就会举行斗兽表演，而凡尔赛动物园的目的则是为了展示和平的动物和送给国王的异国礼物。[101]根据巴拉泰和阿杜安-菲吉耶的说法，凡尔赛宫的藏品之所以特别，是因为它是西方世界第一个能够在同一个地方集中展示珍禽异兽供游客观赏的动物园。凡尔赛宫独特的八角形建筑设计使"文化得以将自

120

121

然包围起来，将自然聚集在君主周围，君主从中央大厅可以一目了然地欣赏所有的东西，并主宰着他所看到的一切"[102]。

八角形的设计使观察者能够在不被人看到的情况下观察一切，这种设计在18世纪末又被杰里米·边沁所采用。[103]边沁创立了他自称的"一种新的建筑形制"，即"圆形监狱"或称"全景监狱"，适用于监狱、工场、福利院、学校、医院和疯人院等"任何需要监视居住在其中的人的场所"。[104]当然，这个设计在此之前已经被证明非常适用于凡尔赛动物园的动物个体。虽然边沁丝毫没有提到他的想法受到凡尔赛宫的启发，但米歇尔·福柯认定，边沁的作品是以旧的动物园设计为基础的：

> 边沁没有说明他的设计是否受到凡尔赛宫沃子爵城堡的动物园的启发：凡尔赛并没有像传统动物园那样，将不同的动物分散式地布置在公园里。它的中心是一个八角形的亭子，在亭子的第一层只有一个房间，这便是国王的沙龙；亭子的每一面都有大窗户，可以看到七个笼子（第八面是入口），里面展示着不同种类的动物。到了边沁的时代，这个动物园已经不复存在了。但是，人们在"全景监狱"的方案中发现，在对个性化观察、特征与分类的描述，以及对空间的分析安排利用方面，两者都有类似的考虑。[105]

在凡尔赛宫，艺术与自然展示之间有着密切的联系。马修·西尼尔写道："在凡尔赛宫看动物的同时也能欣赏动物的绘画。"[106]路易十四雇用了大量技艺精湛的艺术家在动物抵达凡尔赛宫动物园时为它们作画，接受委托的艺术家们记录了这里展出的异域动物清单。在进入观展沙龙之前，约有60幅图片被陈列在画廊中，一位同时代的人形容这种陈列是为了让参观者为即将看到的东西做准备，也是为了在游客离开时提醒他们刚刚看到的东西。[107]西尼尔指出，凡尔赛宫的动物还被用来在皇家招待会和庆典上款待客人，这些庆典经常在户外的大剧院里举行；在1664年的一个仪式上，女人们骑在动物园的动物背上，来展现一年四季。[108]

动物们在动物园里并不能得到健康的生活。它们死于寒冷、不健康的环境和匮乏且不合适的食物，而且它们因为遭受监禁而出现了畸形，如体型异常小的成年虎，因幼年时被关在狭窄的笼子；消瘦憔悴、毛发稀疏的猞猁，患有骨刺、下巴蛀坏腐朽；还有不会游泳的海狸。[109]18世纪法国著名的博物学家布丰对动物被囚禁在动物园里发出悲叹，对在动物园中观察动物行为的作用持谨慎态度，[110]他更愿意在尽可能自然的环境中研究动物，为此，他把研究对象放在半封闭的圈舍中进行观察。[111]

动物园作为一项科学和教育事业，伴随着法国大革命的爆发而得到推动，同时也有人抱怨当时有这么多人挨饿的情况下，在动物园里（如凡尔赛宫）喂养动物是十分可耻的。凡尔赛宫的动物作为专门用于科学研究的博物学藏品而被移到植物园里，目的是让所有的人都能看到，而不仅仅对少数的王公贵族开放，在其他的学术机构（大学、学院、医学院）因害怕知识分子暴政而被迫关闭时，动物园因向公众开放而得以幸存，1793年，它变成了"国家自然历史博物馆"。[112]凡尔赛动物园中的动物由皇家科学院的研究员进行解剖也是很常见的事情，由此了解的动物生理结构和解剖学细节催生了科普读物的出版，这些书描述了近50种不同的动物。[113]

解剖死去不久的动物让人们对展览中和动物园中的动物标本越来越感兴趣，而对动物解剖学的细致研究则极大地提高了科学插画的水平。[114]17和18世纪的艺术家延续了早期解剖学爱好者阿尔布雷特·丢勒和莱奥纳多·达·芬奇的工作，在他们的作品中捕捉了各种动物的解剖细节。例如，伦勃朗的画作中包含了大量的动物研究，既包括猪和狗等家畜，也包括骆驼、狮子和一头非常逼真的大象等外来动物（见第142页图52）。

另一位稍晚时期颇有成就的画家、解剖学家是乔治·斯塔布斯。斯塔布斯对私人动物园中的各种动物进行了大量的观察，他在英国一个租来的农舍里花费了18个月的时间来解剖马，[115]并于1766年出版了一本关于马类解剖学的书。斯塔布斯对马匹解剖细节全面细致的体验在他的艺术作品中得到了清晰的体现。他受富

123

124

图52　伦勃朗·凡·莱因，《大象》，1637年。从锡兰带到阿姆斯特丹并巡回展出的大象。

有的马主委托画了大量爱马的画像（如1762年著名的哨子外套肖像）、驯养环境
中的马匹（如风景中的母马和小马驹）和野马（如狮子攻击马匹的系列作品）。

　　大型动物并不是启蒙运动中科学家和艺术家们唯一感兴趣的主题，17世纪在
荷兰发明的显微镜彻底改变了人们对自然界的认知，昆虫的解剖结构和行为第一
次可以被研究。[116]这种对微观动物世界的全新的科学凝视，通过科学家们持续将
其工作成果绘制成科学图画，而在艺术中得以反映。在17世纪的森林静物画中，
一位爬行动物饲养员将昆虫和两栖动物画在树林里，强调蟾蜍、青蛙、蛇和蜥蜴
在林下灌木中的生存竞争；其他科学家和画家则描绘了软体动物和两栖动物的泌
尿和生殖器官，蝌蚪尾巴的血管结构，昆虫、爬行动物和两栖动物之间的斗争，
以及在斗争中周围植物被破坏的景象。[117]

反对虐待动物的呼声日益高涨

活体解剖从公开展示转变为私人活动的几个原因中，有一个原因是越来越多的人出于感情和审美的原因反对这种做法。[118]在对一只狗进行了一次特别可怕的活体解剖之后，罗伯特·胡克向他的实验伙伴罗伯特·玻意耳抱怨道：

> 由于对动物的折磨，我很难让自己进行任何进一步的实验。但如果我们能找到一种什么方法使动物昏迷，让它们失去知觉，那么这种研究一定会非常可贵，但我担心没有哪种麻醉剂会如此奏效。[119]

根据基思·托马斯的说法，有一种“新的感性”正在形成。17世纪一些有影响力的基督教徒“有史以来第一次”开始同意蒙田的论点，即人类对其他动物没有主宰权，“人们越来越普遍地认为，自然界是为上帝的荣耀而存在的，上帝对植物和动物的福祉与对人类的福利一样关心”。[120]对动物的道德关怀“扩大到包括许多传统上被视为可憎或有害的生物……甚至连蠕虫、甲虫、蜗牛、蠼螋和蜘 125
蛛都找到了它们的辩护者；自然主义者开始寻求更人道的杀戮方法”。[121]

18世纪，人们开始认真反对动物实验。1764年，伏尔泰对活体解剖和进行活体实验的“野蛮人”科学家提出了控诉：

> 这条狗，在感情上比人类强得多，却被一些野蛮的收藏家捉住，钉在桌子上活活剖开，只是为了更好地向你展示它肚皮下的静脉血管。你自己身上所有的感觉器官，它也同样拥有。现在，机械论者，请你回答我，难道是大自然为这个动物创造了所有的感觉“弹簧”（器官），却让它毫无知觉？它拥有神经系统，又如何麻木无知？无耻！不要用这种软弱和矛盾来指控自然界。[122]

反对虐待动物的呼声日益高涨，且并不限于活体解剖。残酷的农场常规做法催生了禁止对动物造成不必要伤害的法律。1635年，爱尔兰制定了最早的一部反虐待动物法，禁止使用马尾巴耕地、耙地或拖拉重物，禁止从活羊身上拔毛而不是剪毛或剃毛。[123] 几年后，在新大陆的马萨诸塞殖民地，纳撒尼尔·沃德在1641年的《自由法典》中引入了两项反虐待条款。第一条禁止虐待动物的行为："任何人都不可对任何供人类驱使的低贱生物行使任何残暴的行为"；第二条要求在运输工作过程中让牛休息："如果有人把牛从一个地方赶到另一个地方……使它们感到疲倦、饥饿、生病或……跛脚，则应在任何空旷的地方，在适当的时间内让它们休息或恢复体力……"[124]

随着对动物的多愁善感的扩大，科学家和艺术家们经常将动物的行为拟人化，并以绝对非机械的方式进行描述。马修·科布写到，17世纪具有影响力的生物学家和博物学家扬·施旺麦丹——

> 对昆虫的行为和发育有一种看法，（这种看法）在合法的同时又并非机械的或笛卡尔式的。他对蜗牛交配后的疲劳进行了令人愉快的拟人化描述，这充分说明他试图理解动物行为和刺激动物的因素的观念。[125]

126　　　　诗人在诗歌中直接与动物对话也很常见，如威廉·布莱克（1757—1827）对一只飞鸟的发问："我是不是像你一样的飞鸟，或者你是不是像我一样的人？"[126] 戴维·希尔指出，虽然许多18世纪的作家都在重新探讨动物的意义，但主要是作为人类状况的表现，如恋爱，或者抽象的思考，如不朽的问题——很少涉及自然界的本质。甚至是布莱克、华兹华斯、济慈和雪莱也写了"探讨与自然对象相关的普遍观念的反思诗……没有强调特定的夜莺或特定的云雀……没有动物对人回应时的对峙时刻和随之而来的思维轨迹"，[127] 一个罕见的例外是罗伯特·彭斯（1759—1796），他在1785年的诗《给一只老鼠，用犁把她翻到窝里去》中有一段冗长的独白：[128]

> 啊，光溜溜、胆小怕事的小野兽，

哦，心藏恐惧的小野兽！
你不必这样匆匆忙忙，
吵吵闹闹！
我不会拖着这铁犁去追赶你，
我的天啊！

我真的很抱歉在这人类统治的世界，
自然界中的友谊联结已被打破，
于是便有了如此的偏见，
让你如此惊慌失措，
可是我，你可怜的土生土长的同伴，
我们是一样的啊！

我想你可能会去偷窃，
可那又怎样？可怜的小动物，你也要活着！
从一串麦穗里拿走几颗，
这个请求不过分，
我会得到剩下的，
向来如此！

你的小房子也被毁了，
要赢过这风雨的摧残这怎么可能！
想盖一间新房子，
哦，却连荒草也找不到！
十二月的严冬就要来了，
刀子般的北风凄厉地刮着。

127

你看那田野已经荒芜，
艰苦漫长的冬天即将来临，
本想在这避风港
度过一季，
残忍的铁犁头轰然而至，
就这样毁了你的家园。

那小小一堆树叶和枯枝，
费了你多少功夫！
现在你不得已被赶了出来，
而房子也落了空。
就这样去面对这冬日风雪，
孤身抵挡，苍白无力！

但小老鼠啊，这不只是你的命运，
有先见之明又怎样，一样是徒劳。
不论是老鼠还是人类，面对最好的安排，
也常不如意。
只剩下悲伤和痛苦，
取代了那应有的快乐！

然而与我相比，你仍然值得庆幸，
你只烦恼着眼下的祸事。
但是我啊！往后看看，
一片黑暗，
向前看，前途未明，

连猜一猜，也充满了恐惧！

彭斯认同老鼠，并将她的境况与自己的不幸相提并论，在这一点上，他遵循传统，认为老鼠代表了人类的某些东西。但他与她互动，强调了互动的对象是那只作为某个生命个体的特殊的老鼠。希尔指出，彭斯的诗是独特的，他传达了由于一只老鼠和一个人类的相遇，引发了一系列对动物身份及其外貌的认真思考，以及通过外貌所传达出来的情感的部分[129]。17世纪的作家对被囚禁的笼中鸟的悲叹也是很常见的，诗人写下了鸟蛋被偷或幼鸟被猎人杀死的雌鸟的悲哀，这些关于野生鸟类被残忍对待的文章，使得中产阶级对动物的态度有了本质的改变[130]。路易丝·罗宾斯认为，在18世纪的法国，被链子和笼子锁住的外来动物象征着奴隶制、监狱和压迫，而对暴政的批判、对动物奴隶的同情和对野生动物的敬畏成为博物学著作与小说的标准规范。[131]

重要的一点是，当时人们越来越多的同情心并不限于施与其他动物，而是扩展到被剥削和虐待的人类。基思·托马斯写道：

> ……对动物福利的关注是一个更广泛的运动的一部分，它涉及对以前被轻视的人类，如罪犯、疯子或奴隶的人道情感传播。因此，它与更广泛的改革要求联系在一起，无论是废除奴隶制、笞刑和公开处决，还是改革学校、监狱和济贫法。那位在1656年呼吁制定反对残酷运动的法律的小册子作家，也谴责折磨和压迫致死是野蛮行径，并谴责英式车裂这种酷刑……[132]

彼得·伯克所谓的"新印刷文化"帮助了对被剥削者的人道主义关注的扩散，这种文化使公众可以获得的廉价印刷品的数量大大增加，如小册子、报纸、宽幅故事书和畅销故事书。[133]黛安娜·唐纳德写到，人与动物的关系是19世纪早期的主流出版物中反复出现的主题，如插图杂志和连载小说，而虐待动物的内容则提醒人们注意人类的社会问题。[134]

直面虐待动物行为

虽然阅读有关虐待动物的文章对引起公众的人道主义关注很有帮助，但直接观察虐待动物的行为是传达动物痛苦的最有力的手段。黛安娜·唐纳德认为，视觉图像"能够独特地传递第一手经验的震撼……，痛苦地接近"虐待现场，实际上是引发反虐待抗议的原因。[135]

18世纪反映人类对动物的残暴行为的最有力的视觉图像是威廉·霍加斯（1697—1764）于1751年出版的一套版画《残忍的四个阶段》。霍加斯的版画不仅

图53　威廉·霍加斯，《残忍的第一个阶段》，出自《残忍的四个阶段》，1751年，雕刻版画。男孩在伦敦街头折磨动物取乐。

表现了动物遭受折磨和痛苦的画面，而且还传达了一种长期以来的观点，即从虐待动物到虐待人类是一个合乎逻辑的发展过程。

在第一个场景中（见图53），我们的反派主角汤姆·尼禄是圣吉尔斯教区的一个穷苦男孩，他正用箭折磨一只狗，一个男孩扶着狗的腿，另一个男孩用绳子套住狗的脖子，以此来协助汤姆。一个衣着光鲜的小男孩试图阻止汤姆，并向他提出，如果可以停止伤害这条狗就把自己的馅饼送给他。这个场景充满了对动物残忍和痛苦的折磨，所有这些都是由年轻人造成的：一只鸟的眼睛被挖掉，一只猫从楼上的窗户被扔出去，棍子扔向一只公鸡，猫的尾巴被绑在一起。以下是霍加斯为第一幅插图所写的说明：

> 在喧闹、悲痛的场景中
> 竞争的孩童跟随着
> 将这牺牲者折磨得血流成河
> 男孩的暴君。

> 看啊，一个心地温和的青年
> 为了减轻这动物的痛苦
> 哦，拿着，他哭着说，拿去我所有的馅饼吧
> 但眼泪和馅饼却都是徒劳。

> 向这个公平的例子学习——你
> 野蛮的运动使他快乐，
> 残酷的景象多么令人厌恶，
> 而怜悯之情使这景色迷人。

在第二幅插图中（见第150页图54），汤姆·尼禄已经成年，他正在野蛮地殴

SECOND STAGE OF CRUELTY.

The generous Steed in hoary Age
Subdu'd by Labour lies;
And mourns a cruel Master's rage,
While Nature Strength denies.

The tender Lamb o'er drove and faint,
Amidst expiring Throws;
Bleats forth its innocent complaint
And dies beneath the Blows.

Inhuman Wretch! say whence proceeds
This coward Cruelty?
What Interest springs from barbrous deeds?
What Joy from Misery?

Designed by W. Hogarth   *Published according to Act of Parliament Feb.y 1.st 51.*

131   图54 威廉·霍加斯,《残忍的第二阶段》,出自《残忍的四个阶段》,1751年,雕刻版画。
役畜被野蛮殴打,一头公牛正被狗虐斗。

打一匹马，这匹马因为拉着一辆满载律师的马车而筋疲力尽，倒在地上。她憔悴不堪，胸前因马具的摩擦而生了一个大疮，她的头躲开了汤姆高举的鞭子，眼泪从眼眶里掉下来，舌头耷拉着。在摔倒时她摔断了腿。另一个人用棍子抽打一只奄奄一息的羔羊，同时试图拉住她的尾巴让她站起来。背景中，一头负载过重的驴子被人用棍子催促，一头牛被狗虐斗，一个孩子在街上玩耍时被马车碾过。霍加斯为《残忍的第二阶段》所写的说明是：

> 曾经高贵的马，
>
> 被迫服从劳役而躺卧
>
> 为那些残忍奴役者的愤怒感到悲伤
>
> 他们否定了自然的力量。
>
>
> 稚嫩的羔羊赶着车
>
> 还未到达便昏倒
>
> 发出无辜的悲鸣
>
> 在殴打下断气。
>
>
> 毫无人性的可怜虫！为何要这样继续
>
> 如此懦弱的残忍？
>
> 残忍的行为有什么意义？
>
> 从痛苦中又能得到什么乐趣？

132

在第三阶段（见第152页图55），汤姆·尼禄残忍行为的对象已从动物发展到人类。他引诱和劝说一名女仆，让她从女主人那里偷东西，随后野蛮地杀害了她。尼禄因此被逮捕，并将被吊死。

在最后阶段（见第153页图56），尼禄已被绞死，正躺在解剖台上，一只狗正

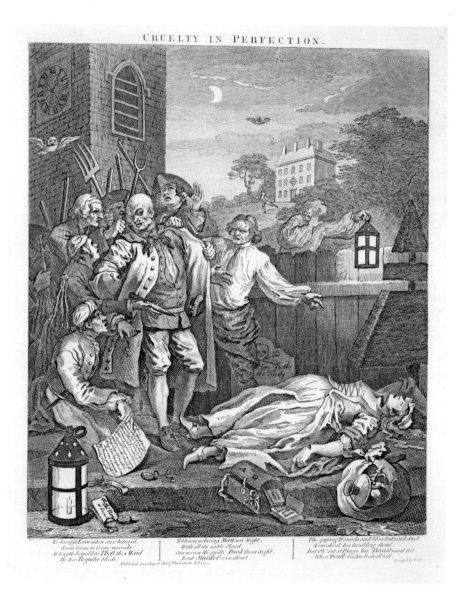

　图55　威廉·霍加斯，《残忍的终极》，出自《残忍的四个阶段》，1751年，雕刻版画。对动物的残忍已经发展成对其他人类的残暴。

图56　威廉·霍加斯，《残忍的下场》，出自《残忍的四个阶段》，1751 年，雕刻版画。凶手的　134
尸体被解剖，残酷的循环没有因死亡而终结。

在啃食从他皮开肉绽的尸体中取出的心脏。死后被实验性解剖，对于那些不幸穷困潦倒而死的人来说，是一种并不罕见的命运。标题的部分内容是：

> 看吧，恶棍的耻辱！
> 死亡本身无法结束
> 他找不到安宁的葬身之地。
> 他那不再呼吸的尸体，再也没有朋友。

在自传中，霍加斯很明确地表示，他创作《残忍的四个阶段》意图是尽可能以最便宜的价格让更多读者看到：

> 《残忍的四个阶段》是为了在某种程度上杜绝对可怜的动物的残忍行为，这种行为使伦敦的街道比任何东西都更让人厌恶。描述这些东西本身就给人带来痛苦，但也不能用太强烈的方式，因为即使是最铁石心肠的人也注定会受其影响。我们只能说，无论是绘画的准确还是雕刻的精美都不是必要的；相反，还会使作品的价格超出目标读者所能承受的范围。[136]

凯瑟琳·罗杰斯指出，霍加斯版画中的猫的形象"延续了17世纪对被贬低
135 到卑微环境中的不受重视的动物的描述"——《残酷的第一阶段》中的破旧街景，《苦恼的诗人》（1737）中肮脏的车库，以及《漫步的女演员》（1738）中的谷仓。[137] 霍加斯经常把猫和"肮脏的性行为"放在一起描绘，如《妓女的进步》（1732）系列，该系列表现了一个天真无邪的乡下女孩（和一只鹅一同出现在田园布景中）向普通妓女的转变（在城里伴随着一只发情的猫）。[138]

黛安娜·唐纳德认为，商业主义、奢侈和残酷的城市主题往往与乡村的秩序和互惠形成对比。被汤姆·尼禄残忍杀害的乡村女孩和第二幅中奄奄一息的小羊之间有着明显的联系，后者也是"无辜的，……从农村的牧场被赶来，随即成为

被伦敦人贪婪与麻木不仁的残忍吞噬的牺牲品"。[139]对人类和动物来说，乡村生活总是与天真联系在一起，而城市则充斥着痛苦。在城市地区，对动物的剥削是永远存在的。唐纳德写到，伦敦的街道上充斥着对动物的消费：被娱乐（在动物园、流动笼子、集市、马戏团和血腥运动中的展览），被食用（大量的农村牛羊被驱赶着穿过街道进入城市，在伦敦的史密斯菲尔德市场上销售和宰杀），以及被乘骑和役使（交通的发展和城市边界的扩大增加了人们对役用动物的需求，以至于"游客们注意到伦敦的第一件事就是它闻起来像一个马厩院子"）。[140]

17世纪和18世纪，动物的身体被用作食物和劳动力而日益商品化，动物在此过程中遭受了难以言喻的痛苦。人们强调尽可能缩短食用动物从出生到屠宰的时间，减少"无法出售的骨头和内脏在胴体中的比例……有些猪太胖了，凸出的肉遮住了它的腿和前额"。[141]正如唐纳德所言，"这个时代最令人羞愧的唯利是图、麻木不仁的例子是对马的处理方式"，这些疲惫不堪的工作动物无可奈何地奔向早死，奔向沸腾的屋子，"在猫肉、蜡烛和堆肥的混合物中被进一步利用"。[142]基思·托马斯声称，英格兰是"马匹的地狱……老马的痛苦之地……一位18世纪的旅行者认为，老马的痛苦是在英国道路上最令人生厌的景象之一"。[143]在工业革命结束后的150年里，马、驴和狗继续在工厂、酿酒厂、煤矿和铁路货场工作。[144]在考虑到牛、鸡、马、猪和羊在过去300年里创造的大量金钱收益和悲惨的工作条件时，杰森·赫里巴尔得出结论说，它们是工人阶级的一分子：

> 农场、工厂、道路、森林、矿山一直是它们的生产场所。在这里，动物们为农场主、工厂主和矿主提供了毛发、奶水、肉和畜力。而在这里，它们是没有报酬的。事实上，我们可以想到其他在类似情况下劳作的人：奴隶、儿童、家庭雇人、性工作者，等等。基本的事实是，马、牛和鸡都曾在并将继续在与人类所处相同的资本主义制度下劳动。[145]

描绘动物的处境和工人阶级（及妇女）的处境之间的相似之处，这在接下来的一百年中发展为一个中心主题，我们将在下一章中对此进行阐释。

136

第6章

现代，公元1800—2000年

把动物看成是值得考虑伦理和道德的存在，这种观念一直延续到现代。在爱尔兰通过了禁止用马尾巴耕地和禁止活羊拔毛的法律后，英国人经过了近两百年才将对动物福利的关注落实成为一系列的反虐待法律。这股潮流始于理查德·马丁（1754—1834）提出的动物保护法，此法案于1822年通过，同时通过的还有一项"防止秘密婚姻"的法律。1822年的《马丁法案》以《防止残忍和不当对待牛的法案》为名，禁止虐待"马、母马、骟马、骡子、驴、奶牛、小母牛、阉牛、公牛、绵羊和其他牲畜"，[1]"牲畜"（cattle）一词的含义来自"动产"（chattel），指的是所有作为动产的家养四足动物。[2]"防止虐待动物协会"成立于1824年，并在1840年经王室决定冠以"皇家"头衔，1835年动物虐斗和其他斗兽比赛被禁止。[3]《马丁法案》自1822年确立以来经历了一系列修订，其中，1835年颁布的禁止斗牛、斗熊、斗獾、斗狗、斗鸡或虐斗任何家畜及野生动物的法律都是对《马丁法案》的补充。[4]

　　基思·托马斯写到，对残忍的竞技运动的禁止，不仅是出于保护动物不受虐待的愿望，而且也是因为"对下层阶级生活习惯的厌恶……中产阶级因动物运动所造成的混乱和其中的残忍行为而感到愤怒"。[5]虽然许多工人阶层的狩猎行为被宣告为非法，精英阶层时不时举行的残忍活动也被取缔，例如在伊顿公羊狩猎中，一只公绵羊在韦斯顿场被人用乱棍打死；但总的来说，"绅士们的猎狐、钓鱼和射击运动得以幸存"。[6]

皇家防止虐待动物协会等改革派起初关注的并不是血腥运动中对动物的野蛮对待，而是发生在伦敦街头和肉食市场中的残忍行为。[7]马、驴和狗被迫拉着沉重的货物，被无情地殴打；绵羊和牛在运往肉食市场的途中被车夫粗暴虐待，并且在被宰杀时还要忍受更多的痛苦跟折磨。

作为运输的劳力和耕畜，马匹在19世纪的命运特别恶劣。黛安娜·唐纳德写到，到19世纪中期，伦敦各地的马场每周都有数百匹老马和病马被宰杀，它们的尸体会产生丰厚的收益：为宠物猫狗提供食物，肥肉拿去炼油，骨头成为肥料。在经过漫长的忍饥挨饿后，马会在晚上被宰杀，以便人们及时将马肉煮熟，为商人们早上到来做好准备。[8]

史密斯菲尔德市场于10世纪在伦敦建立，这是一个虐待动物问题特别严重的地方，也是改革派的主要关注点。9个世纪以来，史密斯菲尔德一直是买卖和屠宰公牛、绵羊、羊羔、小牛和猪的地方。这座位于城市中心的市场长期以来一直是改革的目标。但是针对史密斯菲尔德的改革做法主要是把屠宰场搬到市郊[9]，这并非是要废止屠宰场，而是将它隐藏在大众的视野之外，与人们此前持续的做法别无二致。[10]直到19世纪40年代霍乱暴发，公众才开始正视这里产生的动物血液、内脏残渣和受污染肉类的处理问题。史密斯菲尔德市场作为活畜市场于1855年关闭。[11]

要想了解19世纪伦敦人对史密斯菲尔德市场的体验，最好的方法之一是阅读查尔斯·狄更斯的《雾都孤儿》中的这段话：

那是一个集市的早晨。地面上铺满了厚厚的污秽和烂泥，没过脚踝；浓浓的蒸汽从牛群散发着恶臭的身体中不断升起，与烟囱中升起的雾气混合在一起，挂在空中。大区域中心的所有圈舍，以及可以被挤进去的临时围栏，都挤满了羊群；一长队牲口、牛群沿着水沟被绑在门柱上，足有三四排。乡下人、屠夫、车夫、小贩、男孩、小偷、闲人和各种低贱的流浪汉，混在一起成群结队。车夫的口哨声，犬吠声，牛的轰吼声，羊的咩咩叫声，猪的呼噜声和吱吱声，小贩的叫卖，吆喝，咒骂，和四面八方的争吵声；铃铛的响声和人们的咆哮声，从每个公共空间发出。拥挤、推搡、驱赶、殴打、喘息和叫嚷；市场的每个角落都回响起了可怕且不和谐的喧闹声；还有那些没洗过澡、没刮过胡子、脏兮兮的人不断地跑来跑去，在人群中挤进挤出；这一切都使人头晕目眩，手足无措。[12]

139

在史密斯菲尔德被销售和屠宰的牛、羊、猪是如何经历这种地狱的，简直难以想象。

在19世纪末，对动物生存状况的改革被视为对刑罚、监狱、工资、济贫法和妇女地位等进行改革的更大计划的一部分。[13]1892年，人权改革者亨利·S.索尔特说：

> 压迫和残忍总是建立在缺乏想象的同情心之上；暴君或施暴者不可能与受到他不公正对待的受害者感同身受。这种亲切感一旦被唤醒，暴政的丧钟就被敲响，而对人权的最终让步也只是时间问题。目前，组织化程度较高的家畜的状况，在许多方面与一百年前黑奴的状况非常相似：回过头来看，你会清晰地发现，他们同样被排斥在人性之外，也有同样虚伪的谬论在为这种排斥做辩解，导致有人以同样的处心积虑在不依不饶地否认着这些群体的社会权利。回顾历史（这样做十分有益）然后再展望未来，这样道德就几乎不会错。[14]

不仅仅是少数富有的白人男性知识分子认识到被压迫的动物和被剥夺权利的人类之间的联系。科拉尔·兰斯伯里写到，19世纪英国的妇女和穷困的工人阶级都反对活体解剖，因为他们与被剥削的动物产生了共情。穷人们坚信，外科医生在动物身上做实验是因为他们不被允许在人类身上做实验，他们一直处于担心自己的尸体有朝一日遭受解剖的恐惧中，要么是被盗墓，要么是死在济贫院或医院，然后被交给那些总是在寻找尸体来解剖的外科医生。[15]霍加斯的《残忍的四个阶段》版画在英国及其他地区广为流传，它们甚至被挂在各个城镇的旅馆和酒馆的墙上；正是最后一幅汤姆·尼禄躺在解剖台上被开膛破肚的画面（见第153页图56），塑造了工人阶级对贫困死者下场的想象。[16]

兰斯伯里写到，反活体解剖运动的女性对被猎杀、诱捕和虐待的动物感同身受，她们从被鞭打的马和被绑在活体解剖台上的狗身上看到了自己。一些女医生看到那些需要妇科治疗的贫穷妇女在慈善病房中被当作动物对待，随后便接受了反活体解剖运动——她们被用皮带绑在一个可以抬高骨盆的装置上，双脚固定在马镫上，医学生们围成一圈审视着她的私处。[17]事实上，1907年的"棕狗骚乱"便是始于两名女医学生，她们目睹了一条棕色小狗的活体解剖过程，这条狗的体侧有一个未经处理的伤口，这表明它不久前曾接受过活体实验，这违反了1876年颁布的一项法律，该法律禁止对同一只动物进行多次活体解剖——被解剖过的动物不能复用于另一项实验，它必须被销毁。[18]这些女学生将她们所看到的以日记的方式记录下来，并在随后出版了《科学的混乱》一书，揭露了大学学院正在进行的非法活体解剖活动。然而，主持这只棕狗活体解剖项目的科学家以诽谤为由向学生们提起了诉讼并且在医学生的欢呼声中获胜。1906年，反活体解剖主义者在一个喷泉饮水池上面竖立一只棕狗的雕像，上面刻有以下纪念文字：

> 纪念1903年2月在大学学院实验室死亡的棕色梗犬，它被人从一个活体解剖者移交到另一个活体解剖者手中，经历了两个多月的残忍对待，直到死亡才得以解脱。同样纪念1902年在这里被活体解剖的232只狗。英格兰的人们啊，这样的事情还要持续多久？[19]

在三年的时间里，医学生们在妇女选举权会议和反活体解剖会议上组织暴动和骚乱，尽管当地人民支持反活体解剖运动，但在1910年，棕狗雕像在深夜里被4名议会人员抬走，在120名警察的看守下，并最终在巴特西议会的院子里被砸碎。20世纪初的反活体解剖运动是失败的。兰斯伯里的观点是，对动物的关注与妇女权利和工人权利的区别模糊不清，社会问题交织在一起，以至于很难将反活体解剖运动与工人阶级社会主义运动或女权主义运动区分开来。她认为，"当动物被视为妇女或工人的代名词时，动物福利的事业就无从谈起。如果我们在看待动物时只看到我们自己意象的投射，我们就是在否认动物自身存在的事实"。[20]

狗拉小车、狂犬病和性

直到20世纪20年代，马匹仍旧拉着沉重的货物在街道上劳作，狗已经相对较早地从拉车、拉雪橇和拉犁的工作中解放出来，至少在英国是这样。《狗车扰民法》规定，在伦敦查令十字车站15英里范围内使用狗拉车是非法的，随后在1854年对此颁布了全国禁令。[21]

关于狗被当作拉车犬虐待的生动描述，引发了公众对虐狗行为的批评。一位旅行者讲述了一群拉车的狗所遭受的虐待，很可能是在比利时，那里的狗拉车一直到20世纪还在使用（见第164页图57）："三条精疲力竭的狗拉着四个醉鬼，但却被虐待至伤口大开……（一只）跛脚的狗跑得不够快，他们就用脚踢它，用很重的棍子殴打它，直至杀死了它，还把尸体丢弃在路上。"[22]

在英国，最终促使公众舆论支持废除狗拉小车的原因来自对狂犬病的恐惧。斯坦利·科伦提出，这一切都始于布鲁厄姆勋爵在议会中提出的一个令人信服的论调，即拉车犬的过度劳累是狂犬病暴发的来源。有证词证明了狂犬病与运输犬之间的"科学"联系，他们说拉车的狗是凶残的，因为人们在接近车时会受到狗的抓咬或咆哮，当货物很重或跑得很快时，它们嘴里还会泛起泡沫。[23] 由狗拉的小货车主要是由工人阶级的杂货商和面包师使用的，他们买不起马，甚至连驴都买不起，禁令一经生效，他们便失去了养活自己的工具，更不用说还要养活那些非工作的动物了。所以，唯一能做的就是将狗遣散。最后，由于禁止用狗拉车和对服务犬征税，成千上万的狗被宰杀或遗弃。[24]

图57　费迪南·林茨，《一辆狗拉小车》，荷兰，约1890年，纸本水彩。伯恩画廊（私人收藏），里吉特，萨里。狗作为挽畜，被那些太穷而养不起马或驴的人广泛使用。

142　　　伴随着对服务犬的管理，被遗弃的狗的数量急剧增加，这就催生了第一个私人犬只收容所（同时也带来了一系列批评性的报刊社论，提出更应该为饥饿和无家可归的儿童提供庇护）。[25]尽管受到批评，但1860年玛丽·泰尔比在伦敦北部的一个马厩院子里成立了"迷路和饥饿犬只收容所"；1871年它更名为"巴特西狗之家"，并于1883年开始同时为被遗弃的猫和狗提供住所。

　　　被玛丽·泰尔比的收容所收留的狗是幸运的。在19世纪，数以千计的狗因被专家认定或无端猜疑为患有狂犬病，而被执政者定期屠杀，就像之前的几百年间它们因被怀疑传播具有传染性的"脏病"而被屠杀一样。哈丽雅特·里特沃写到，19世纪在英国被扑杀的狗之中，有四分之三只是患有癫痫或长相怪异，只有不到5%的狗确诊狂犬病。[26]由于对西欧的狼的过度猎杀使其几近灭绝，狂犬病的发病率已经在下降，[27] 在1860年至1877年间，玛丽·泰尔比的收容所接收的15万只狗中，只有一只患有狂犬病。[28]

人们在19世纪对狂犬病的产生提出了许多解释。除了断言狂犬病是拉车的狗过度劳累导致的必然结果外，这种疾病还被归咎于以下几个原因：工人阶级恶劣的生活条件；中产阶级公寓生活的与世隔绝、养尊处优的独居条件；强制被戴上嘴套，使得狗的原始冲动受到抑制；以及食粪癖和性挫折的影响。

凯瑟琳·凯特补充说明了在法国，性与狂犬病的联系。[29] 凯特写到，对狂犬病的恐惧是当时"幻想恐惧症"的一部分，这种疾病经常与性、暴力和压抑联系在一起。[30] 在19世纪50年代发表的研究报告中，狂犬病被描述为一种不可控且无法克制的状态，就像是花痴和发情一样，患者口吐白沫，被癫痫发作、恐水症和强烈的咬人欲望所控制。[31] 此外，由于女人的花痴和男人无法控制的性欲被认为是长期禁欲的结果，因此狂犬病也被认为是犬类性欲遭受挫折的自发结果。[32]

狂犬病与性之间的联系在那个"性别分类凌驾于物种差异之上"的时代是很典型的，比如将女性月经与狗的发情周期联系在一起。[33] 在19世纪欧洲的视觉和叙事文化中，动物与女性身体之间的性联系十分常见。例如，在绘画作品中，妇女和马经常在性意象中被并列画在一起，如在埃德温·兰瑟的《驯顽记》（1861）中，一个女人被画在马厩中靠着一匹卧马休息。虽然这幅画通常被解释为女人驯服了马，因为画中使用的女模特是著名的女骑手安妮·吉尔伯特，但此画也可以做出模棱两可的另一种解释，即暗示着是这匹马驯服了这个坏脾气的女人。

这幅广受欢迎且颇具争议的画作，被认为展示了欧洲在19世纪中期的性别、性征和男子气概之间变化的关系，这些转变建立在女性和马匹都需要经常驯养的观念之上。[34] 据惠特尼·查德威克说，《驯顽记》是在著名的美国驯马师詹姆斯·塞缪尔·拉瑞出版《驯马艺术》三年后展出的，这本书介绍了他的驯马方法。[35] 拉瑞被认为是最早的"马语者"，他用皮制的马具或皮带将马的一只前脚扎住使其抬离地面，然后让马躺到草垛上，随后用温和的低语和抚触对马匹进行"驯化"，有时他会躺在马身边，头靠在马蹄上。查德威克写到，拉瑞的驯马方法不仅是对传统的人马主仆关系的挑战，也是对男性权威的挑战，以此产生了题为《驭夫》的漫画。[36]

19世纪的叙事舞台在动物、女性和性之间提供了更加显著的联系。科拉尔·兰斯伯里认为，"色情读物中使用的语言便是马厩的语言，女人被强迫'展示她们的步伐'和'表现自己'，屈服于那些鞭打、引诱她们的主人的命令"。[37] 维多利亚时代的色情作品中描写女性"被戴上嚼子，被用皮带绑住，这样她们就可以更容易地跨上马背被鞭打，整个过程总是以女性作为感恩的受害者结束，她们被训练得享受鞭笞和捆绑，并为能给主人提供快乐而感到自豪"。[38] 兰斯伯里进一步阐述了"嚼子"的意义，这是维多利亚时代色情作品中不变的存在，它意味着女人就像马一样，"必须学会把嚼子含在嘴里"，以克服恐惧和疑虑，并确保永远不会咬人。[39]

表达动物和人类之间关系的小插图，是教育那些自负的女性和工人阶级并使其学会遵守和服从的既定手段。[40]流行小说讲述了马儿渴望为主人辛勤工作的故事，而在1880年开始出版的期刊《女孩自己的报纸》中，有一系列写给年轻女性的对话表明，马匹了解到平等和独立是不可能的，因为自己能获得怎样的权利是由主人决定的。[41]

19世纪的平面艺术家们也在讽刺印刷品和雕版作品中使用动物来表达时事新闻和政治观点。继威廉·霍加斯在18世纪50年代创作的版画之后，詹姆斯·吉尔雷作为一位多产的平面艺术家，也在作品中大量使用了动物的符号象征。例如，在他1806年的漫画《猪比乳头还多》中，32只小猪个个都代表了可识别的政治人物，它们在吸吮着象征英国的母猪的乳汁，直至她被吸干死去。吉尔雷最喜欢的反派之一是查尔斯·詹姆斯·福克斯（1749—1806），他因主张基本人权、挑战国王权力，并支持法国大革命而被称为"人民的人"。在《熊和他的领袖》（见图58）中，查尔斯·詹姆斯·福克斯被描绘成一只戴着口罩、拿着具有象征意味的红色帽子的熊，以表达对法国大革命的同情。首相威廉·温德汉姆·格伦维尔正在训练他跳舞，他一手拿着给不听话的熊的棍子，一手拿着给听话的熊的奖励。

作品中还刻画了其他政治家的形象，一个是又眼盲又跛脚的提琴手，另一个是抓着熊尾巴跳舞的猿猴。

19世纪的讽刺小说也抓住了围绕进化论的焦虑，用动物的身体来表现社会的混乱和一个颠倒的世界。例如，在查尔斯·达尔文的《物种起源》（1859年）出版两年后，《冲锋报》刊登了漫画《季节的狮子》，这幅画描绘了一位英国绅士的惊恐，他看到一只猴子出现在社交场所，而且穿着优雅，就像个上流社会的绅士。[42]20年后，在1879年发现阿尔塔米拉洞穴绘画后不久，进化主题明显成为费尔南德·柯罗蒙1880年创作的《该隐与家人一起逃亡》一画的组成部分，在画中，该隐和他的族人作为一个史前洞穴人的部落，披着兽皮，拿着史前工具，在沙漠中行走。[43]

图58　詹姆斯·吉尔雷，《熊和他的领袖》，1806年，填色蚀刻版画。这只戴着口罩的熊代表政治家查尔斯·詹姆斯·福克斯，他是法国大革命的支持者，也是英国第一任外交大臣。

博物学与狩猎

由于人们对博物学的兴趣日益浓厚，探险活动的增加和殖民主义的扩张，使得19世纪成为动物"标本"展示的暴发期。正如弗农·基斯灵所言，那是一个"自然界的一切都被认为具有收藏和研究价值"的时代。[44] 从18世纪末起强调的寓教于乐的观点一直持续到现代，工业革命以及博物馆和文学院的普及使人们的热情再次被点燃。[45] 正是在这个寓教于乐的时期，文艺复兴时期的珍奇柜被改造成了自然历史博物馆，标本作为不寻常的、具有异国情调的、壮丽惊人的体现，在博物馆的舞台上占据了核心位置，大放异彩。

根据博物馆历史学家斯蒂芬·阿斯马的观点，博物馆通过展示奇观来激发

146

BULLOCK'S MUSEUM,
Piccadilly.

图59 布洛克博物馆，19世纪初。大英图书馆，伦敦。对于在博物馆环境中传授有关动物及其栖息地的知识的早期尝试。

人类的好奇心。[46]早期的博物馆奇观是简单的动物立体模型，放置在描绘动物原始生境的背景之前，[47]如1801年在伦敦开幕的威廉·布洛克的印度博物馆（见图59）。到了19世纪末，植物和动物之间复杂的生态关系成为博物馆的常见陈列，比如猩猩之间的领地争斗、美洲水牛群和其他栖息地的收藏品，在复杂的绘画背景前摆出特定姿势的填充动物标本。[48]

当代博物馆的参观者和一百年前的博物馆观众一样，都被博物馆的展品所吸引。阿斯马指出，"在这一壮观的公共领域中，教育与娱乐相遇了。"她将当代自然历史博物馆中展示的暴力和血腥称为"传奇剧"，人们将动物标本摆成假装受到惊吓的样子，或摆放在令人意想不到的位置上，比如就像准备从角落里跃起或是从天花板上掉下来。[49]

人类似乎热衷于描绘动物死亡的场景，特别是那些由于创新技术或是通过大规模合作（如在狩猎过程中驱赶动物）而造成的死亡。早期的一个例子是一幅来自卡斯特利翁的瓦尔托塔的洞穴画，描绘了猎人向鹿群射箭，并将它们赶下悬崖，这是史前时期常见的狩猎策略。[50]有证据表明，在大约公元前6500年的科罗拉多州，约150名古印第安人将190头野牛赶至悬崖，进行了类似的猎杀。[51]在华盛顿特区的自然历史博物馆中，有一个同时期的驾车狩猎的展品，描绘了一个类似的狩猎场景，水牛被手持弓箭的原住民赶下悬崖，这也是该博物馆最受欢迎的收藏品之一。

即使美国的水牛狩猎活动保持了传统的男子汉气概与英勇的形象，但它也与几千年来将狩猎视为贵族运动的观念截然不同——这个观念一直是狩猎活动的特征。1850年至1880年，人们为了获取它们的皮、舌头和后肢，数以千万计的水牛被宰杀，残余的尸体通常被留在大平原上腐烂。[52]除了作为消除平原印第安人独立生存的主要手段以征服他们之外，白人（殖民者）宰杀水牛也是为了商业利益，19世纪的技术进步使大规模杀戮水牛以及保存、运送水牛皮成为可能。水牛皮的利润很高：19世纪70年代初，水牛皮可以用石灰化学工艺有效地鞣制，新的大威力枪支在600码的距离内就能准确地射杀，而铁路则可以将水牛皮运到遥远

147

的市场。[53]铁路也为人们提供了充分的机会，可以在火车上相对轻松安全地宰杀水牛。

当水牛在美国的火车上被人宰杀，猎狐则发展为英国乡村的生活中重要的一部分。因为根据詹姆斯·豪的说法，狐狸是19世纪仅存的还能在马背上追逐的动物。[54]森林的萎缩和城市化的扩张，使野猪和马鹿等"高贵的野兽"数量锐减，而骑猎在英国是地位高贵的标志，它显示出豢养马匹、购置马具和置办骑装所需的高额费用、打猎的闲暇时间，以及在乡村庄园生活的巨大财力。[55]豪写到，打猎主导了英国贵族的性格，有这样一种流行的说法：每天起床后，一位英国绅士都会感叹："天哪！多么怡人的早晨！今天我们该猎杀点什么呢？"[56]

狩猎活动的盛况

狩猎，贵族阶级对财富的展示，以及对权力和威望的炫耀，也是19世纪自然历史博物馆发展的核心。早期的博物馆中最引人注目的展品是大型食肉动物，那些在大型狩猎中经过"浪漫、暴力和危险的对抗和征服过程"而被杀死的野生动物尤为受到欢迎。[57]事实上，博物馆中展出的动物标本可以被视作帝国殖民和吞并荒野的象征。根据哈丽雅特·里特沃的说法，每一个死去的动物都"代表着旷野上的血腥胜利……兽角和兽皮、安装妥当的兽首和塞满填充料的躯体，都清楚地影射着帝国主义暴力英雄主义的底色"。[58]对战利品的渴求驱使着收藏家们不断杀戮大型动物，以扩充自己的标本收藏名录，而探险家们则通过猎杀和出售动物，以及在殖民地区从事非法的捕猎活动来为自己的探险活动募集经费。[59]甚至有著名的政治家和政客也参与了捕杀和采集野生动物的活动。作为1909年非洲科学考察队的领队，西奥多·罗斯福为史密森学会收集了14000件哺乳动物、鸟类、爬行动物和鱼类的标本。[60]他对自己为史密森尼博物馆猎杀的大型动物标本感到特别自豪，并吹嘘说："没有任何一支从非洲或亚洲回来的探险队带回的标本比我们带回来的更好……这些方吻犀牛、网纹长颈鹿、德式大羚羊、紫羚、北方貂羚、驴羚的皮［和］骨骼……，在欧洲的任何一家博物馆都无法比拟"。[61]

　　动物的皮和骨骼是重建野生动物以用于博物馆展示的重要元素。早期的动物标本剥制术是一种科学的尝试，是博物学家和动物学家的宝贵技能，他们对保存动物标本用于研究很感兴趣。标本剥制技术在19世纪被引入博物馆时，为讲述文化与自然之间关系的故事提供了一种新的方式，这种方式类似于早先的动物和植物之间的生态关系展览。美国自然历史博物馆的非洲厅是一座具有28件立体模型的展厅，表现了非洲大陆上大部分的大型哺乳动物。唐娜·哈拉维在介绍这个展厅时指出，动物标本在各展品之间协调过渡的过程中发挥了关键而复杂的作用，从动物被猎杀的荒野开始，到在博物馆中作为一件完整的立体场景结束。[62]

　　哈拉维为我们讲述了20世纪初的艺术家、科学家、标本剥制师、猎人卡尔·埃克利是如何精心挑选野生动物作为博物馆展品的。[63]这项研究旨在寻找完美的动物来制作一流的"战利品标本"，通常会选用成年的雄性个体，雌性动物和所有物种的幼兽（除非需要组成一个"家庭"群像）、象牙不对称的大象、颜色不漂亮的动物、小型的动物都会被认为不引人注目而落选。制作标本所需的猎物有一个优先分级：狮子、大象和长颈鹿是首选物种，但最珍贵的标本是大猩猩。哈拉维记录到，埃克利在一次狩猎大猩猩探险的几天时间里，不断地寻找最佳的动物来拍摄照片（用于塑造逼真的立体模型的参照），并最终杀死它们（根据相机记录的"动作"来填充身体，摆出姿势）。她指出，埃克利和他的狩猎队到达那里，屠杀或试图屠杀他们遇到的每一只灵长类动物。在狩猎的第一天，埃克利猎杀了一只大猩猩，并剥了皮，做了一个死亡面具，留作之后的复原备用。第二天，他错过了两只雄性，但成功地杀死了一只雌性猩猩，他的随从杀死了一同出现的小猩猩。第三天，埃克利带着他的相机，拍摄了一组大猩猩照片，用掉了约200英尺的胶卷，但过了一会儿就变得无聊，"终于，我感觉我对这群动物的预期已经达到了，于是，我挑出了一个我以为是未成年的雄性猩猩射杀了它，但结果很遗憾地发现那是只母猩猩。"[64]在埃克利猎杀大猩猩心满意足后，他召集其余在营地等待的队伍上来捕猎，其中一个猎人杀死了一只巨大的银背公猩猩，这

149

只不朽的动物现在被制成了标本，展出在非洲厅。作为大猩猩群像的一部分，卡里辛比的巨人被安装在非洲自然背景的幕布前，并在场景中以"惊恐的捶打胸脯的姿态和令人难忘的凝视，尽管它的玻璃眼球有缺陷"，凌驾于其他大猩猩之上。[65]

150　　来自动物的凝视，这一概念是参观者在自然历史博物馆中的核心体验。哈拉维指出，在非洲馆的28个立体模型中，每个展品中都至少有一个动物回过头来直接与观众对视。尽管有玻璃隔板将观众与模型隔开，但这种凝视还是十分具有"视觉冲击力"。动物被定格在至高无上的生命瞬间。[66] 为死去的动物营造出栩栩如生的外观，这在战利品摄影中也有类似的尝试。然而卡里辛比的巨人被杀后，猎人和妻子举起它的头来拍照留念时，拍到的却是一具如假包换的尸体，大猩猩的下巴松弛地垂着，身体肿胀而沉重。[67] 在当时的狩猎杂志上会展示战利品动物的尸体照片，一项关于这些照片记录的课题研究中，埃米·菲茨杰拉德和我发现了数百张拍摄刚刚被杀的动物的图片，这些照片里的动物都被精心摆出活着时的姿势——眼睛睁开，头警惕地转向镜头，双腿被巧妙地蜷缩在身体下面，看上去就像是正在旷野上休息。[68] 所有血迹和伤口的迹象都被掩盖起来，一些动物就像是在表演他们活着时的举动一样，比如被撑起的死鹿，嘴里被塞满了稻草，做出正在进食的样子。通常，动物的尸体都很华丽——战利品的奖励是一副壮观的鹿角，而最可怕的景象是那些被斩首的鹿头，作为新鲜的肉块被摆在显眼的位置上，或是被猎人系在背包上并从狩猎场带回，或者在屋后草坪上一字排开。我们得出结论，这些战利品图像传达了这样一个信息：在狩猎话语中，动物的尸体被高度客体化，被斩首和肢解，身体部位作为装饰品或家居用品来展示，比如象尾苍蝇拍，或是象脚垃圾桶（见图60）。

　　很少有人试图在狩猎话语中为被贬低和毁谤的动物重现或模拟生活场景。例如，在我们对当代战利品照片的研究中发现，战胜那些扰人的掠食动物是一件值得庆祝的事情，它们的尸体"清晰地昭示着死亡。……山猫和狐狸在镜头前被得意地倒挂着，郊狼就像是一袋袋脏衣服一样被人扛在肩上"。[69] 因此，尽管

151

20世纪早期的大型狩猎是以猎人和猎物之间的英勇对抗为基础的，但实际上由于美国人对掠食性动物的这些看法，人们得到了鼓励，可以使用任何手段去猎杀掠食动物。基于长期以来对未知荒野的恐惧、对牲畜安全的担忧，以及需要对动物和土地维持控制力，自最早的定居者踏上美洲大陆以来，消灭食肉动物，特别是对大型哺乳动物的灭绝性猎杀，已经成为一种非常普遍的现象。[70] 由于发放赏金是对"害兽"猎杀管理的主要手段，美国林务局会雇用猎人来减少食肉动物的数量，1915年美国国会拨款用于控制食肉动物的数量，并指示生物调查局去猎

图60 被用作垃圾桶的大象脚

杀这些掠食者，这一新项目迅速发展成为"服务西部牧场主的半独立型虫害防治公司"。[71] 对掠食者的蔑视是普遍的。托马斯 R.邓拉普写到，动物保护者、自然作家欧内斯特·汤普森·西顿把狼描绘成贪婪、危险的亡命之徒；野生动物保护的倡导者威廉·霍纳迪声称，隼是最好的标本，猫头鹰是强盗和杀人犯，而狼是狡猾、残忍和懦弱的；就连保护主义者奥尔多·利奥波德也在20世纪20年代主张彻底消灭新墨西哥州的大型食肉动物。[72]

　　新英格兰的最后一只狼被绑在绳子上，被人们纵狗虐待，并于1860年在缅因州被杀死。到了1905年，在得克萨斯州、新墨西哥州和亚利桑那州，狼已经很稀少了。[73] 对狼的疯狂屠杀也导致了其他动物的死亡。根据乔迪·埃姆尔的说法，士的宁（马钱子碱）和化合物1080（氟乙酸钠）等毒药不仅杀死了狼，而且还杀

152   图61   怀俄明州猎人的鹰巢捕兽，1921年。一整面墙都挂满了郊狼的尸体。

图62   汽车上的动物尸体，1925年。一辆汽车上装饰着被射杀的狼，包括一只靠在方向盘后面的小狼。

死了狗、儿童，和吃了沾上死狼流涎的草的马。[74]

　　害兽控制的成果在20世纪20年代的照片中得到了自豪的展示。例如，在1921年的一张题为"鹰巢捕兽"的照片（图61）中，怀俄明州斯威特沃特县的木头和石板车架上足足挂了三层郊狼的尸体。在一只死掉的山猫下面挂着两个来复枪的子弹带，两只獾躺在地上，旁边放着一个步枪三脚架。图62是一张拍摄于1925年的照片，这是一张精心制作的被屠杀食肉动物的影像展示，人们这么做只是因为觉得有趣。死去的小狼的尸体被精心处理，它们被用绳子捆绑起来，挂在汽车上，其中一具尸体靠在方向盘后面，仿佛正在驾驶运尸车。

　　大规模屠杀郊狼对当地的生态环境产生了毁灭性的影响。1927年，数百万只老鼠突袭了加州克恩县，没有受到任何天敌的控制，因为在两年前，生物调查局已经屠杀了该地区所有的郊狼，而农民们则定期杀死当地的鹰和猫头鹰。[75]但直到20世纪50年代，公众和科学舆论才对消灭捕食者的政策提出质疑；在此之前，几乎所有人都认为，捕食动物将会而且应该被消灭，只有在划定为科学研究或公众观赏的特殊区域才会被保存下来，[76]比如动物园。

动物园景观

153

　　约翰·伯格认为，当动物被展示和观察时，它们就被边缘化了，而对动物边缘化表现最显著的地方莫过于动物园。[77]虽然可以说，把掠食动物放在动物园里展示肯定比它们被大肆宰杀要好，但仍有很多人感叹被囚禁的生活根本就不是生活。伯格批判动物园是一个单向凝视的地方，在这里，动物被人类观察，但人类却从来没有被动物看到过；在这里，动物们彼此隔离，物种之间没有互动，生存完全依赖饲养员，顺从地等待人类对它的生存环境的某种干预，比如定时投喂。笼子作为围住动物的框架，当游客从一个笼子到另一个笼子，观察和注视着关在其中的动物，就像在艺术馆里参观时在一幅画前驻足，然后继续观看下一幅画。[78]鲍勃·马伦和加里·马尔温也有类似的观点——动物园是一个供人类享受和获益的图像画廊，这种享受和益处表达了文化征服自然的力量。[79]最后，兰迪·马拉默德令人信服地提出，动物园从根本上讲与帝国主义、消费主义、监禁、奴役、虐待狂和偷窥癖有关，而且圈养动物创造了一种畸形的文化表现。[80]

不同于早期的动物园强调动物周围的空间（如植物、树木和人造山），并将动物置于精心设计的环境中，19世纪的动物园强调的是"空间里的内容（动物），而非空间本身"。[81]人类对动物展品的注视通过小笼子和圆形或六边形的布置得到了加强，这与17世纪凡尔赛宫内动物园的特殊设计十分相像，那也同时可能是杰里米·边沁全景监狱的灵感来源（见本书第5章）。福柯详细阐述了边沁的全景监狱，这成为其应用于现代社会通过持续的监视、不断的评估和分类来行使权力和控制力的著名案例：

154   我们知道原理……在外围，有一座轮状建筑；中心是一座塔；塔上开了宽大的窗户，面向轮状建筑的内侧；外围的建筑被分成若干个牢房，每个牢房都延伸到整个建筑的宽度；它们有两扇窗户，一扇在内侧，与塔身上的窗户一一对应；另一扇在外侧，让光线穿透整间房间。这种设计只需要在中央塔楼里安置一个监督员，随后在每个牢房里关上一个疯子、一个病人、一个被判刑的人、一个工人或一个学生（或一个动物）。由于逆光，人们可以从塔楼上观察到外围牢房里的小小的囚笼的影子，它们被光清晰地勾勒出轮廓。它们就像一个个的牢笼，如此数量众多的小剧场，在那里，每个演员都是独自一人，被毫无遮掩地彻底区别开来。全景结构使空间的一致性得到了安排，人们能够持续看到并立即识别。简而言之，它颠覆了地牢的原则；或者说地牢的三个功能——封闭、剥夺光线和隐藏——它只保留了第一个，另外两个被消除了。充分的照明令监视者比在黑暗中更容易看清，也最终保护了观察者的眼睛。可见性是一个陷阱……每一个个体在他的专属空间里牢牢地禁锢着，从这里他可以被监管者从正面看到；但侧墙阻止他与其他被囚禁者有所接触。他被别人看到，但他却没有看到其他人；他是信息的客体对象，却从未成为交流的主体。[82]

福柯对监狱、工厂、兵营、学校和医院等惩戒机构的全景敞视主义原理的应用，很容易就延伸到动物园，对被监视者的权力被不知不觉地概念化为一种"将被监视者暗中物化"的机制。[83]

动物园的历史和精神病患者的治疗历史中都有奇观的概念。根据段义孚的说法，到1770年伦敦伯利恒医院（又被称为"疯人院"）关闭时，已有96 000人付费进入该机构，以观察病人为娱乐。如果病人们的娱乐性不足，参观者就会激怒被锁在牢房里的囚犯，或向他们提供杜松子酒，观察他们的醉酒表演。[84]动物园的动物也同样被期待具有娱乐性，如果它们不具有娱乐性，观众就会折磨动物，让它们做一些事情。兰迪·马拉默德写到，动物园的游客"在从一个笼子到另一个笼子的过程中，往往很少表现出对研究调查的更高尚的探究本能或是求知欲和体验欲"。[85]马伦和马尔温报告说，一些试图让鳄鱼动起来的观众用石头砸死了它，在描述被挖掉眼睛的鳄鱼和被打断腿的鸟类时，彼得·巴滕得出结论说，"美国是否有任何一家动物园能躲过虐待狂、无知愚蠢的人类的破坏行为？值得怀疑。"[86]

让圈养动物做某事的最好方法之一是给它们喂食。长期以来，喂养野生动物一直是人类最喜欢见到的一种景观，而且和所有的动物景观一样，它再次体现了文化对自然的支配。古人喜欢看野生动物出现在特定的地点觅食（被俄耳甫斯引诱进入他们的视线），最终使动物成为容易被猎杀的目标。奈杰尔·罗特费尔斯指出，19世纪动物园中最受欢迎的兽栏区域（动物展出装置）是熊坑，这是一个圆形的深洞，有一棵树干直直地立在坑中间，熊可以爬到足够高的地方去接住观众从熊坑上方扔下来的食物。[87]在熊坑中，野生的、可怕的熊沦为自愿为食物而表演的滑稽演员，四只或五只熊试图爬到杆子的顶端去接食物，大大增加了场面的壮观和人类的乐趣。[88]圈养动物的喂食时间及喂食活动也受到动物园游客的欢迎，因为这往往是观察野生动物暴力行为的一种方式。公众喂食的场面包括美洲虎咆哮着咀嚼马的关节骨、蛇吞活老鼠（有些蛇拒绝吃死物）和狮子吃被肢解的牛。[89]19世纪动物园鼓励公众喂食动物，但这类行为在20世纪初首次被禁止，在20世纪50年代被普遍禁止。[90]

155

　　20世纪的动物展览还发生了其他变化。卡尔·哈根贝克是第一个以"无栅栏的笼子"设计来展示动物的人。他用自然环境中的动物形象代替了圈养动物的形象，从而产生了"自由的幻觉"。[91]哈根贝克从事十分有利可图的异国动物贸易，他捕捉了大量的野生动物，并将其运到动物园展出。从19世纪中叶开始的20年间，哈根贝克公司进口了大约700只豹子、1000只狮子、400只老虎、1000只熊、800只鬣狗、300只大象、数万只猴子和10万多只鸟类。[92]1907年，哈根贝克开设了野生动物公园，这里全景展示了奇异动物和土著居民的景观，仿佛他们是漫步在原生的自然环境中。动物与动物之间，以及动物与游客之间由一系列隐蔽的壕沟隔开，游客可以在没有栏杆或障碍的情况下观赏这些异国动物，这一革命性的设计成为整个20世纪动物展览的典范。[93]

156　　然而，在新的无障碍公园中，动物自由活动的状态是通过建筑设计的创新和如何将动物关在其圈养地的老式观念来维持的。巴拉泰和阿杜安-菲吉耶写到，巨大的沟渠，有的宽达6米，形成了不可逾越的障碍，灌满水后，就可有效地将某些物种封闭起来，就像在一个岛上一样，假的岩石、山峰和峡谷营造了自然景观的样子。但是，当猴子在假岩石上玩耍，食草动物在新构建的大草原上吃草时，食肉动物却仍被关在笼子里，玻璃隔板将蛇和观众隔开，猛禽被拴在岩石上，水鸟被剪掉了翅膀上的羽毛，所有动物的行为都受到动物驯养员的持续监视和精心控制。[94]

动物主题公园

　　通过训练来控制动物的行为是现代动物主题公园的核心，即那些为人类观众表演的壮观的动物展示。动物主题公园相当于19世纪的动物园和游乐园，鼓励人们在风景如画的花园中漫步，远离文明，走进自然。作为远离拥挤、肮脏的城市地区的一种休养生息的方式，散步是工人阶级的一项重要活动，他们在星期天散步，而中产阶级则每天散步，以便进行消遣娱乐和社交活动，如结交朋友和自我表达。[95]

当代的动物主题公园也被营销为一个民主平等的空间，任何付得起门票的人都可以进入。[96]20世纪早期的游乐园位于城市附近，去游乐园休闲的都是城市工人阶级，而新的主题公园则建在城郊，受众主要是郊区的白人和中产阶级，单一的门票价格使公园体验的意义从临时起意的休闲消遣转变为有计划的活动。[97]海洋世界娱乐公司于1964年开设了第一个主题公园，通过提供人与动物的娱乐活动，成功推广了海洋自然生态和野生动物，当然也突出了他们的"核心产品"——鲸表演。[98]在"博物馆、动物园和嘉年华的综合体"中，海洋世界通过与"来自另一个世界的、能够使人产生积极情感的动物的接触，创造出人与动物之间的亲密关系"，强调跨越物种的界限。[99]海洋世界是另一种以海洋为中心的主题公园，被认为是动物园、马戏团和嘉年华的结合，它不仅展出海洋哺乳动物，还展出狮、虎、象、黑猩猩、猩猩、犀牛和鸟类等。[100]海洋世界并不试图为正在表演或在景观场地上散步的动物们重现真实的自然环境；他们强调教育与娱乐结合，让人们有机会接近异国野生动物，从而培养人们对野生动物的欣赏和保护。[101]简·德斯蒙德写到，海洋公园的成功依靠了对动物的严格训练来保持"其自然天性"，并将其重新包装成"对大自然的有益改善"。[102]伴随着动物表演的人类叙事给出了这样的暗示：动物们正在进行着自然的行为，它们是"快乐的劳动者，吃得饱饱的，并从工作中获得激励……动物们想要做出这些动作"。[103]德斯蒙德认为，动物们选择表演的暗示掩盖了深植于表演中的人与动物的权力差异。当"自然的论调"构建了表演时，驯兽师们通过武力、约束、囚禁和支配来维持对动物的控制，动物的任何反抗都被小心翼翼地隐藏起来。[104]

作为仪式的斗牛活动

抵抗、斗争、野性，这些在海洋世界和海洋主题公园的动物表演中被小心翼翼隐藏起来的动物行为特征，在另一个人与动物对抗的表演——"斗牛"中得到了公开的颂扬（见第181页图63）。18世纪末，斗牛比赛在西班牙被仪式化，19世纪时，斗牛比赛（bullfight，或称corrida）在马德里成为每周一次的活动，虽然在西班牙西北部、加泰罗尼亚和巴利阿里群岛很少见，但斗牛比赛仍被认为是全西班牙人痴迷的活动。[105]"斗牛"有许多不同的具体步骤。首先，公牛被从牧场赶来，并被关在竞技场外一个黑暗的关押区。当比赛开始时，公牛被放出，势不可当地冲入赛场。接下来，长矛手骑着马进场，带着带有锥状金属矛头的长矛，他们将矛头刺入牛的颈部，以削弱牛的力量。当公牛失血过多时，带着花镖（带钉子的短标枪）的斗牛士会进场，在公牛冲锋时将其刺伤。在最后一幕，斗牛士用红色披风和剑逗引并杀死公牛，这一时刻被称为"决定性瞬间"。[106]从公牛被释放进场，到骡子把它的尸体拖出斗牛场外，只需要不到20分钟；在这短短的时间里，斗牛士通过连续不断地玩弄动物的本能，使公牛越来越受到控制和支配。[107]

158

几个世纪以来，西班牙人利用一切可能的机会举办"斗牛"：庆祝一些特殊的活动，如授予博士学位、节日庆祝和招待皇室成员。[108]"斗牛"的流行并不局限于西班牙，法国南部某些地区也举行"斗牛"仪式和其他形式的斗牛节，而且自中世纪以来一直如此。[109]葡萄牙的斗牛则以不流血而闻名。加利福尼亚的一个当代葡萄牙社区在中央谷地举行斗牛庆祝节日时，采用的是尼龙搭扣飞镖系统（用以取代传统的长矛和花镖）和尼龙搭扣补丁，戴在牛的肩膀上，牛角被保护罩包裹着。[110]而在秘鲁，马丘比丘普韦布洛酒店宣传其在12月第一周举行的血腥节，突出了原始的斗牛活动，将一只秃鹰绑在一头公牛的背上，两只动物进行殊死搏斗。

（西班牙南部的小镇）安达卢西亚的传统"斗牛"是一种独特的城市活动。加里·马尔温写到，将公牛从农村牧场带到城市环境中，便是将动物置于其应有

159

领域——未驯服的野生自然——之外的城市（文明文化）之中。[111]"斗牛"是动物与人之间一次人为谋划的会面，象征着自然与文化之间的对抗，斗牛士通过小心翼翼地控制一头强大的、狂暴冲撞的公牛，公开表露出他对自然的统治力。[112]花镖用色彩鲜艳的纸包裹着，当它们刺在公牛身上时，动物就这样"被装饰起来，这是文化强加给自然的一个标志，也是公牛本质逐渐发生改变的标志，这使公牛与那些通常被归为家畜的动物更加贴近"。[113]

图63 弗朗西斯科·何塞·德·戈雅－卢西恩特斯（弗朗西斯科·戈雅），《斗牛，开场戏，长矛穿刺》，1824年，布面油画。洛杉矶保罗·盖蒂博物馆。公牛与长矛手对峙，长矛手的马被鲜血浸透。

城市空间是有序的、受控制的，而乡村则被认为是不适合人类居住的、属于动植物们的领域，乡下人与自然不断斗争，因而从未完全开化过。[114]自然与文化之间的界限模糊不清在农村的节日中表现得十分明显，这些节日往往采用男人冒充动物和女人的古老仪式。例如，在西班牙上马拉加特里亚村庄的"耕犁节"期间，装扮成绵羊的牧羊人将自己绑在犁上，而犁由其他装扮成妇女的牧羊人驾驭，在音乐声中一起在地上犁出一条长长的沟。[115]随后在村子里，牧羊人聚集在一起，回忆过去一年发生的事情和村里妇女所犯的错，"不同的过错用驴子身体的不同部位象征，并得到分配：一个爱嚼舌根的人拿到了舌头；一个不守妇道的人得到了尾巴……这一仪式的目的是为了保证土壤肥沃、羊毛多产，同时也是为了提醒女人们恪守妇道"。[116]

正如西班牙的乡村节日融入了丰产的习俗以及对性别化行为和身份的重新界定一样，城市斗牛也是以类似的文化架构为中心。在安达卢西亚文化中，"斗牛"是一种以男性为中心的仪式，男性的价值（性能力、自信、独立）建构了整个活动，公牛象征着男性的美德与确保生育力所需的动物特征的结合。[117]虽然女性在斗牛活动中也有参与，包括作为斗牛士在赛场上表演，导致一些学者质疑将斗牛解释为男性仪式的说法，[118]但朱利安·皮特－里弗斯认为，这一活动普遍被定义为"对从性优势意义上重新宣告男子气概的仪式"。[119]

性、男子气概和展示动物的攻击性也是其他流行的血腥仪式的基本要素，如"斗鸡"和"斗狗"。在一篇关于巴厘岛村庄斗鸡的经典文章中，克利福德·格尔茨写到，巴厘岛的男人对公鸡的认同和依恋（cock这个词在巴厘岛语与英语中有着相同的双关意味）是一种对男性自我的夸大。[120]巴厘岛人对任何拥有原始兽性的东西都有强烈的恐惧和敌意，他们在节日中用斗鸡来展示"社会秩序、抽象的仇恨和阳刚之气"，并以此来安抚邪恶的灵魂。[121]另一项关于"斗鸡"的人种学研究发现，参与比赛的人类（主要是农村的蓝领白人男性）的世界观是非常男权主义的，他们强调通过独裁主义、性泛灵论和男性情谊等主题来对男性身份进行重申。[122]最终，"斗狗"活动同样以确立男性气质为中心，以白人男性工人阶级为主的参与者利用斗牛梗（从19世纪开始便用作斗牛犬的犬种后裔）之间的争斗来获得和维持荣誉和地位。[123]与"斗鸡"一样，在"斗狗"文化中，动物被认为是拥有者身份的投射，在斗狗场放弃战斗的狗会被立即杀死，这种做法迅速而暴力地结束了不好斗的狗的生命，并通过迅速处理"问题"的行动力收复了失去的地位。[124]

乔纳森·伯特认为，杀戮动物总是具有仪式性，即使活着的动物被颂扬，就像是在自然纪录片和伤感的家庭电影中那样，人与动物的关系也始终与死亡和失去联系在一起。[125]以动物为题材的家庭电影中最常见的主题之一是失踪或去世的父母，他们留下的孤儿必须经历至关重要的仪式，包括分离、成长和回归。[126] 有史以来最早的电影之一拍摄的就是1896年在塞维利亚的一场斗牛比赛，其主题是在仪式化的节日里杀死动物。[127] 而动物的死亡也是托马斯·爱迪生1903年的短片《电击大象》的主题，在这部电影中，科尼岛月亮公园的大象托普西因为杀死了三个人，而被爱迪生发明的新直流电系统电死。[128] 利皮特写到，19世纪80年代末，爱迪生还在新泽西州策划了对数百只流浪狗和猫的电刑，为纽约州议会提供了他们所需的实验证据，使高压电椅这种快速且致命的杀人方法取代了绞刑。[129] 拍摄动物的死亡表明了视觉图像的"带电本质"，并集中表现对某种特定的动物表述的迷恋和排斥，包括"在共存的人性与残忍的冲动之间有疑问的协商"。[130] 根据史蒂夫·贝克的观点，视觉展示在"描绘"虐待动物的过程中至关重要，就像对半人半兽属性的采纳以及对人类形态的去中心化一样。[131] 正是由于在后现代的舞台上着眼于对动摇人的稳定性和去物化动物的表现，使我们看到了破坏、迷恋和排斥是如何重塑人与动物的关系。

后现代动物

让我们先来聊聊吸血鬼。人们通常不会将吸血鬼看作后现代动物，而认为其是布莱姆·斯托克1897年小说《德古拉》中的主角。然而，斯托克所塑造的吸血鬼形象是一种界限模糊的存在，一部分是人，一部分是动物，复杂而神秘，这正是后现代主义的精髓。唐娜·哈拉维叙述了吸血鬼的转变和跨越物种——它们既不善良也不邪恶，它们是自然界的污染者，也包括对血统纯洁性的染指，它们是善变的、高度暧昧的，能引起欲望和恐惧的双重反应。[132] 例如，世界上第一个专利动物肿瘤鼠是一个后现代的建构，是一个再造和发明，"她以活生生存在的人造动物的身份而成为了一个'吸血鬼'，在永生的领域中生存下去"。[133] 吸血鬼侵犯了身体、社群以及血族亲缘的完整性，他们是移民，是错位者，他们带来了"不请自来的联结和分裂……必然会让人丧失自我意识"。[134]

161

从对差异性的分离、排斥和厌恶的观念，转向对模糊边界的强调和对差异重要性的承认，取消"自我意识"正是后现代主义的核心，例如，哈拉维主张思考兴趣的类同而非身份的同一，强调应该将重点放在与那些跟我们有共同利益的人建立联盟，而不是跟我们本质相同的人。她摒弃了通过血缘关系和家庭结构建立联系的想法，指出现在已经到了"理论化一种'陌生的'无意识的时候了，那是一种不同的原始场景，在那里，一切的起源都与身份同一性及繁殖的戏码无关"。[135]

在吉尔·德勒兹和菲利克斯·加塔利的著作中也可以找到非常近似的观点，他们在1980年提出了"生成动物"的概念，以验证人与动物的关系是基于"相互吸引"而非"身份认同、模仿或相似"的概念。[136]德勒兹和加塔利还借鉴了吸血鬼的形象，一个"没有统一祖先的多元体"，一个"不生育"而是借由感染来繁殖的杂交、不育的存在，用"传染"和"流行"来表现它们的异质性。[137]一个人用反常的、不规则的、古怪的、奇特的、不可思议的、局外的事物来进入生成动物的联盟，如吸血鬼、狼人、老鼠本（1972年美国恐怖电影《本》中的宠物鼠）和白鲸莫比迪克（1851年赫尔曼·麦尔维尔的小说《白鲸》中的主角）。德勒兹和加塔利提出《白鲸》是一部"生成主义"的杰作。白鲸莫比迪克是反常的，是局外人，是与亚哈船长结成"畸形联盟"的恶魔。亚哈船长追逐着莫比迪克，是为了使自己"达到整个群体并超越边界"[实现自我的"生成白鲸"（becoming-whale）][1]，因为只有通过选择那些反常的事物，人们

---

① 生成（Becoming）在哲学中是指存在的事物发生变化的可能性。古希腊哲学家赫拉克利特曾表示，世上没有什么是不变的，除了变化和生成（即一切都是非恒久的）。根据吉尔·德勒兹（Gilles Deleuze）和菲利克斯·加塔利（Félix Guattari）的著作《资本主义与精神分裂·卷2：千高原》一书中的"生成动物"理论，《白鲸》中亚哈船长的"生成白鲸"（becoming-whale）其实是一种把自己融入到所谓的"白鲸世界"中的过程。在这个过程中，人与白鲸之间的界限变得模糊，亚哈船长实现了从人到动物的异化。"白鲸"在这里已经不再是单纯的动物，而是一种超越一切的异常者的境界。——译者

才能进入成为动物的过程。[138]

史蒂夫·贝克写到，德勒兹和加塔利的主要目标之一是避免从主体、自我和个体的角度来思考问题，生成动物的概念去除了身份的一致性（包括人和动物）和主体性。[139]贝克认为，对德勒兹和加塔利来说，"生成动物所做的事情与艺术创作所做的事情很接近"，因此，艺术家们（作家、画家、音乐家）直接参与了构成生成动物的经验转换。[140]还有其他一些艺术家通过摄影从后现代的角度去描述动物。例如，摄影师布丽塔·亚申斯基从她在动物园拍摄的动物作品中捕捉到了囚禁和监禁的本质，这些黑白图像强调了非实体性、人工化、不真实性和不可知性。[141]威廉·韦格曼（美国摄影师）花了三十年的时间拍摄他的威马拉犬，这些图像模糊了犬类身体和人类身体的区别，因为他把他的犬类伙伴装扮成其他物种的样子，包括穿戴着帽子、手袋和鞋子等最新时尚单品的人类模特。

贝克认为，后现代艺术就是要制造与动物之间的距离，产生一些有关动物身体断裂的、笨拙的、错误的摇摆不定的观点。[142]例如，一些后现代艺术家展出了令人震惊的改造（"拙劣拼凑的"）动物标本——剥了皮的狗和猫被装上了模型的头，身上覆盖着牛皮的裁缝假人，用甲醛保存的猪和鲨鱼，以及用羽毛装饰并挂在树上的动物尸体雕塑。[143]

后现代主义对动物死亡的迷恋，一个特别可怕的例子是2000年在丹麦科灵博物馆举行的"搅拌机里的金鱼"展览。当参观者有权决定动物生死时，他们的欲望会驱使其如何选择？受到这个想法的启发，智利艺术家马尔科·艾瓦斯蒂展出了10个搅拌机，每个搅拌机中都装满了水和一条金鱼。观众可以选择按下启动按钮来制作一锅"金鱼汤"。[144]其中有两条金鱼被一位匿名参观者搅拌致死，博物馆负责人因此被罚款269欧元，尽管他被警告不要将搅拌器接在电源插座上，他还是为搅拌机通了电。搅拌机厂商的一名技术人员在法庭上作证说，从按下按钮到每分钟达到14 000到15 000转，该搅拌机只需要不到一秒钟的时间，可以"立即且人道地"将鱼杀死，因此，对博物馆负责人的罚款被撤销。在庭审期间，博物馆馆长表示，人类经常通过堕胎和呼吸器等方式让自己成为（可以控制）生死的主人，这件作品便是对此种行为的评论。在法庭上，他拒绝支付罚金，并指出，艺术创作允许那些挑衅是非观念的作品产生。

在后现代的赛博空间世界中审视动物，完成了约翰·伯格关于动物已被绝对边缘化的悲叹。现在一个由数字图像、虚拟现实和互联网网站组成的庞大的电子领域，已经加入了电影和摄影（以及艺术展览）的行列，提供了关于动物与动物之间、动物与人之间关系的新概念。[145] 兰迪·马拉默德写到，电子技术为观看动物提供了一种"新的后现代螺旋"，包括能够看到"不存在的东西"，更多的控制与动物之间更远的距离，以及观众有机会"在没有排泄物恶臭的前提下，保留对动物的文化/认知掌握"。[146] 通过电子技术观察动物，包括使用远程控制摄像机、望远镜和其他设备，使动物始终处于人的观察中，[147] 这是一种在本章前面讨论到的福柯的传统全景监狱机制的后现代监视。

最重要的是，在虚拟动物、虚拟现实和数字编程的后现代电子世界中，动物的真实性已经不复存在。《韦氏词典》对"虚拟"一词的定义告诉我们：即在本质上或效果上是这样，尽管实际上或明显不是如此。只要花150美元，就可以（当然是在网上）购买一个真人大小、全关节的机器人黑猩猩半身像，它有红外视觉和立体听觉，可以模仿真实黑猩猩的声音、动作和习性，"就像真正的野生动物！"机器人宠物是另一种虚拟动物，同样配备了红外视觉和声音传感器，除了响应躺、坐、嗅、挥手、跑、叫、咆哮、呜咽、喘气等指令外，它还可以通过遥控来表达从友好到粗鲁的各种行为，"哦是的，甚至放屁"。而在最不真实的动物体验中，人们可以在一个名为"变身动物园"的互联网网站上制作新的动物，该网站被宣传为教师在课堂上寻找教学计划和研究资源的福音。该网站拥有142个物种的数字档案，"动物园"的访问者可以更换动物的头、腿和尾巴来制作新的动物。创造者可以给新动物起一个名字，并在网站上注册，由此创造了大量新的物种，如兔子狼、猴豹蝇和鸡象。虽然这些新物种很难说是普罗米修斯式的，但就像玛丽·雪莱的《弗兰肯斯坦》一样，这些新物种是由身体的各个部分装配而成的——它们是跨物种和污染自然界的再造物。正如唐娜·哈拉维警告我们的那样，"对于那些扰乱物种分类和转换边界的模棱两可的生命体，不可能有一个确定的评判"。[148]

但显然令人不安的是，当孩子们正在学习如何操纵现有的物种来创造他们自己的原创动物时，我们人类却在每年从这个星球上清除数不清的动物。这种情况让人诡异地想起菲利普·迪克的《仿生人会梦见电子羊吗?》。在这部迪克1968年

164

图64　长颈鹿，摄影：布丽塔·亚申斯基。

创作的科幻小说中，地球上所有的物种在2021年之前都面临灭绝，这迫使人类极度渴望与动物一起生活，让动物成为人类生存的一部分，因此创造了逼真的仿生动物来代替那些活生生的动物。很显然，我们不需要再过15年[①]就能意识到这个可怕的故事——在我们的世界里，人类与动物之间的对视已经绝迹。唉，这可不是科幻小说里的场景。

---

① 本书原版成书于2006年。——译者

·注 释

前 言

[1] Joseph Meeker, cited in Theodore K. Rabb, *The Struggle for Stability in Early Modern Europe* (New York: Oxford University Press, 1975), viii.

[2] John Berger, *Ways of Seeing* (London: Penguin Books, 1972).

[3] Robert Darnton, *The Great Cat Massacre and Other Episodes in French Cultural History* (New York/London: Basic/Penguin, 2001).

[4] Kathleen Kete, *The Beast in the Boudoir: Petkeeping in Nineteenth-Century Paris* (Berkeley: University of California Press, 1994).

[5] Erica Fudge, *Perceiving Animals: Humans and Beasts in Early Modern English Culture* (Urbana: University of Illinois Press, 2002).

[6] Keith Thomas, *Man and the Natural World: A History of the Modern Sensibility* (New York: Pantheon, 1983).

[7] Harriet Ritvo, *The Animal Estate: The English and Other Creatures in the Victorian Age* (Cambridge, MA: Harvard University Press, 1987).

[8] Coral Lansbury, *The Old Brown Dog: Women, Workers, and Vivisection in Edwardian England* (Madison: University of Wisconsin Press, 1985).

[9] Esther Cohen, "Animals in Medieval Perceptions: The Image of the Ubiquitous Other", in *Animals and Human Society: Changing Perspectives*, eds Aubrey Manning and James Serpell (London: Routledge, 1994), 59−80.

[10] Scott A. Sullivan, *The Dutch Gamepiece* (Totowa, NJ: Rowman & Allanheld Publishers, 1984).

[11] Paul G. Bahn and Jean Vertut, *Journey through the Ice Age* (Berkeley: University of California Press, 1997).

[12] Juliet Clutton-Brock, *A Natural History of Domesticated Mammals* (New York: Cambridge University Press, 1999). (Originally published in 1987.)

[13] Eric Baratay and Elisabeth Hardouin-Fugier, *Zoo: A History of Zoological Gardens in the West* (London: Reaktion, 2002).

[14] Lynn White, Jr., *Medieval Religion and Technology: Collected Essays* (Berkeley: University of

California Press, 1978).

［15］ Bruno Latour, "A Prologue in Form of a Dialogue between a student and his (somewhat) Socratic Professor" (http://www.ensmp.fr/~latour/articles/article/090.html).

第1章

［1］ Randall White, *Prehistoric Art: The Symbolic Journey of Humankind* (New York: Harry N. Abrams, 2003).

［2］ Paul G. Bahn and Jean Vertut, *Journey through the Ice Age* (Berkeley: University of California Press, 1997).

［3］ Jean Clottes and Jean Courtin, *The Cave beneath the Sea: Paleolithic Images at Cosquer*, trans. Marilyn Garner (New York: Harry N. Abrams, 1996).

［4］ Helene Valladas and Jean Clottes, "Style, Chauvet and Radiocarbon," *Antiquity* 77 (2003), 142–145.

［5］ H. W. Janson and Joseph Kerman, *A History of Art and Music* (Englewood Cliffs, NJ: Prentice Hall, 1968).

［6］ Bahn and Vertut, *Ice Age*, 183–185.
关于对生育能力的解释，有"艺术主要反映了人类性欲"的观点，这是20世纪初以来流行的一种理论。保罗·巴恩和让·韦尔蒂反对这个观点，他们的结论是，"艺术是关于男性对狩猎、战斗和对女性的关注，这一理论来自于20世纪的男性学者"（189）。

［7］ White, *Prehistoric Art*, 57.

［8］ David Lewis-Williams, *The Mind in the Cave: Consciousness and the Origins of Art* (London: Thames & Hudson, 2002).

［9］ Bahn and Vertut, *Ice Age*, 181.

［10］ Bahn and Vertut, *Ice Age*, 181.

［11］ White, *Prehistoric Art*, 15–16.

［12］ 巴恩和韦尔蒂写到，对洞穴艺术的具体解释植根于特定的历史和文化背景。例如，"艺术是基于'艺术本身'而产生的"这一观点流行于19世纪末，魔法和精神的解释来自20世纪早期的民族志学作品，结构和性的解释在20世纪中叶十分重要，天文学的解释在空间探索时代得到发展，而致幻的解释在近几十年的新时代十分流行（see Bahn and Vertut, *Ice Age*, 207–208）。

［13］ Steven Mithen, "The Hunter-Gatherer Prehistory of Human-Animal Interactions", *Anthrozoos* 12 (1999), 195–204.

［14］ Mithen, "Hunter-Gatherer Prehistory", 197.

［15］ Bahn and Vertut, *Ice Age*, 177–179.

巴恩和韦尔蒂还注意到，罗马的艺术家们也遵循类似的模式，他们在陶器上绘制野生动物，但食用的是驯养动物。

[16] Clottes and Courtin, *Cave beneath the Sea*, 87.

[17] Bahn and Vertut, *Ice Age*, 190.

[18] Bahn and Vertut, *Ice Age*, 195.

[19] Juliet Clutton-Brock, *A Natural History of Domesticated Mammals* (New York: Cambridge University Press, 1999). (Originally published in 1987.)

[20] Bahn and Vertut, *Ice Age*, 152−153.

[21] Jean Clottes, *Chauvet Cave: The Art of Earliest Times*, trans. Paul G. Bahn (Salt Lake City: University of Utah Press, 2003).

[22] Anne-Catherine Welté, "An Approach to the Theme of Confronted Animals in French Palaeolithic Art", in *Animals into Art*, ed. Howard Morphy (London: Unwin Hyman, 1989).

[23] Welté, 'Confronted Animals', 230.

[24] Bahn and Vertut, *Ice Age*, 139; Welté, "Confronted Animals", 230.

[25] Bahn and Vertut, *Ice Age*, 175.

[26] White, *Prehistoric Art*, 119.

[27] Nicholas J. Conard, "Palaeolithic Ivory Sculptures from Southwestern Germany and the Origins of Figurative Art", *Nature* 426 (2003), 830−832.

[28] Anthony Sinclair, "Archaeology: Art of the Ancients", *Nature* 426, 774−775 (2003).

[29] Conard, "Palaeolithic ivory sculptures", 830.

[30] Steven Mithen, *After the Ice: A Global Human History, 20,000−5000 BC* (Cambridge, MA: Harvard University Press, 2004).

[31] Lewis-Williams, *Mind in the Cave*, 286.

[32] Clottes, *Chauvet Cave*, 193, 204.

[33] Clottes, *Chauvet Cave*, 204.

[34] Mithen, *After the Ice*, 148.

[35] Mithen, *After the Ice*, 148−9.

[36] Clutton-Brock, *Domesticated Mammals*, 3.

[37] Mithen, "Hunter-gatherer prehistory", 200; Clutton-Brock, *Domesticated Mammals*, 5.

[38] Bahn and Vertut, Ice Age, 142. This assertion is controversial; see CluttonBrock, *Domesticated Mammals*, 10.

[39] Clottes and Courtin, *Cave beneath the Sea*, 89.

[40] Clutton-Brock, *Domesticated Mammals*, 40.

[41] Juliet Clutton-Brock ed., *The Walking Larder: Patterns of Domestication, Pastoralism, and*

Predation (London: Unwin Hyman, 1989).

[42] Mithen, *After the Ice*, 34.

[43] Clutton-Brock, *Domesticated Mammals*, 58 (see also Mithen, *After the Ice*, 519).

[44] Clutton-Brock, *Domesticated Mammals*, 7.

[45] Douglas Brewer, Terence Clark and Adrian Phillips, *Dogs in Antiquity: Anubis to Cerberus, the Origins of the Domestic Dog* (Warminster: Aris & Phillips, 2001).

[46] Thomas Veltre, "Menageries, Metaphors, and Meanings", in *New Worlds, New Animals: From Menagerie to Zoological Park in the Nineteenth Century*, eds R. J. Hoage and William A. Deiss (Baltimore: Johns Hopkins University Press, 1996), 19−29.

[47] L. Chaix, A. Bridault and R. Picavet, "A Tamed Brown Bear (Ursus Arctos L.) of the Late Mesolithic from La Grande-Rivoire (Isère, France)?", *Journal of Archaeological Science* 24 (1997), 1067−1074.

[48] Bahn and Vertut, *Ice Age*, 25, 87−99.

[49] Bahn and Vertut, *Ice Age*, 87, 96, 99.

[50] Bahn and Vertut, *Ice Age*, 103.

[51] White, *Prehistoric Art*, 71.

[52] White, *Prehistoric Art*, 135.

[53] Mithen, "Hunter-gatherer prehistory", 199.
这是史前另一个有争议的问题。一位学者认为，在被认定是尼安德特人的墓葬中，"没有出现任何可能有意义的物品与死者放在一起或被献给死者"（see White, *PrehistoricArt*, 64）。

[54] Clottes, *ChauvetCave*, 48.

[55] White, *Prehistoric Art*, 8.

[56] John Berger, *AboutLooking* (New York: Pantheon Books, 1980).

第二章

[1] Juliet Clutton-Brock, *A Natural History of Domesticated Mammals* (New York: Cambridge University Press, 1999). (Originally published in 1987.)

[2] Clutton-Brock, *DomesticatedMammals*, 78.

[3] Calvin W. Schwabe, "Animals in the Ancient World", in *Animals and Human Society: Changing Perspectives*, eds Aubrey Manning and James Serpell (London: Routledge, 1994), 36−58.

[4] Paul Collins, "A Goat Fit for a King", *ART News* (2003), 106−108.

[5] Schwabe, "Ancient world", 37−38.

[6] Schwabe, "Ancient world", 40−41.

［7］　Schwabe, "Ancient world", 53.

［8］　Schwabe, "Ancient world", 53.

［9］　Patrick F. Houlihan, *The Animal World of the Pharaohs* (London: Thames and Hudson, 1996).

［10］　Kenneth Clark, *Animals and Men: Their Relationship as Reflected in Western Art from Prehistory to the Present Day* (New York: William Morrow, 1977).

［11］　E. H. Gombrich, *The Story of Art* (New York: Phaidon Press, 1995).

［12］　Francis Klingender, *Animals in Art and Thought to the End of the Middle Ages*, eds Evelyn Antal and John Harthan (Cambridge, MA: MIT Press, 1971).

［13］　Klingender, *Animals in Art*, 44−46.

［14］　Donald P. Hansen, "Art of the Royal Tombs of Ur: A Brief Interpretation", in *Treasures from the Royal Tombs of Ur*, eds Richard L. Zettler and Lee Horne (Philadelphia: University of Pennsylvania Museum, 1998), 43−59.

［15］　Hansen, "Art of the royal tombs", 45−46.

［16］　Collins, "Goat", 108; Hansen, 'Art of the royal tombs', 62.

［17］　Hansen, "Art of the royal tombs", 49, 62. On the tree-climbing behaviour of goats, see J. Donald Hughes, *Pan's Travail: Environmental Problems of the Ancient Greeks and Romans* (Baltimore: Johns Hopkins University Press, 1994), 31.

［18］　Hansen, "Art of the royal tombs", 61.

［19］　Hansen, "Art of the royal tombs", 54.

［20］　Stephen Mitchell, *Gilgamesh* (New York: Free Press, 2004).

［21］　一些学者认为，美索不达米亚圆柱印章上描绘的英雄和半牛半人的主题，实际上并不代表《吉尔伽美什史诗》，因为在乌尔墓中保存下来的视觉艺术品中，除了一个特定的战斗场景外，没有发现任何有关这个故事的情节(see Hansen, "Art of the royal tombs", 50)。

［22］　Schwabe, "Ancient world", 41.

［23］　Klingender, *Animals in Art*, 54−55.

［24］　Gombrich, *Story of Art*, 64.

［25］　Houlihan, *Animal World of the Pharaohs*, 98.

［26］　Clutton-Brock, *Domesticated Mammals*, 126.

［27］　Schwabe, "Ancient world", 40.

［28］　Houlihan, *Animal World of the Pharaohs*, 19.

［29］　Schwabe, "Ancient world", 49−50.

［30］　Hughes, *Pan's Travail*, 135.

［31］　Clutton-Brock, *Domesticated Mammals*, 108−113.

［32］　Clutton-Brock, *Domesticated Mammals*, 111.

［33］ Clutton-Brock, *Domesticated Mammals*, 110.

［34］ Clutton-Brock, *Domesticated Mammals*, 111.

［35］ Lynn White, Jr., *Medieval Technology and Social Change* (London: Oxford University Press, 1962).

［36］ Clutton-Brock, *Domesticated Mammals*, 40.

［37］ Clutton-Brock, *Domesticated Mammals*, 60.
克拉顿－布罗克指出，这可能不是一条不间断的谱系线，而是通过人工选择的手段操纵了物种多样性。

［38］ Dorothy Phillips, *Ancient Egyptian Animals* (New York: Metropolitan Museum of Art Picture Books, 1948).

［39］ Katharine M. Rogers, *The Cat and the Human Imagination: Feline Images from Bast to Garfield* (Ann Arbor: University of Michigan Press, 1998).

［40］ Clutton-Brock, *Domesticated Mammals*, 138−139.

［41］ Clutton-Brock, *Domesticated Mammals*, 138.

［42］ Bob Brier, "Case of the Dummy Mummy", *Archaeology* 54 (2001), 28−29.

［43］ Pierre Levèque, *The Birth of Greece* (New York: Harry M. Abrams, 1994).

［44］ Clark, *Animals and Men*, 104.

［45］ H. H. Scullard, *The Elephant in the Greek and Roman World* (Ithaca: Cornell University Press, 1974).

［46］ Clutton-Brock, *Domesticated Mammals*, 149.

［47］ J. M. C. Toynbee, *Animals in Roman Life and Art* (London, The Camelot Press, 1973).

［48］ Jo-Ann Shelton, "Dancing and Dying: The Display of Elephants in Ancient Roman Arenas", in *Daimonopylai: Essays in Classics and the Classical Tradition Presented to Edmund G. Berry,* eds Rory B. Egan and Mark Joyal (Winnipeg: University of Manitoba, 2004), 363−382.

［49］ David Matz, *Daily Life of the Ancient Romans* (Westport: Greenwood Press, 2002).

［50］ Jo Marceau, Louise Candlish, Fergus Day and David Williams eds, *Art: A World History* (New York: DK Publishing, 1997).

［51］ Gombrich, *Story of Art*, 73.

［52］ Christine E. Morris, "In Pursuit of the White Tusked Boar: Aspects of Hunting in Mycenaean Society", in *Celebrations of Death and Divinity in the Bronze Age Argolid*, eds Robin Hagg and Gullog C. Nordquist (Stockholm: Paul Astroms Forlag, 1990), 151−156.

［53］ Ephraim David, "Hunting in Spartan Society and Consciousness", *Echos du Monde Classique/ Classical Views* 37 (1993), 393−413.

［54］ Judith M. Barringer, *The Hunt in Ancient Greece* (Baltimore: Johns Hopkins University Press, 2001).

［55］ Barringer, *Hunt in Ancient Greece*, 123.

狩猎和性行为之间的联系具有明显的韧性。当代狩猎运动的视觉表达和叙事语言中也记录了类似的联系。[see Linda Kalof, Amy Fitzgerald and Lori Baralt, "Animals, Women and Weapons: Blurred Sexual Boundaries in the Discourse of Sport Hunting", *Society and Animals* 12(3) (2004), 237−251].

［56］ Barringer, *Hunt in Ancient Greece*, 204.

［57］ Houlihan, *Animal World of the Pharaohs*, 42−43.

［58］ 埃及人偶尔也会把瞪羚描绘成一种家养动物，但他们饲养瞪羚可能是为了猎奇或是将其作为祭品，瞪羚不可能真正被驯化。朱丽叶·克拉顿−布罗克注意到，瞪羚极度容易紧张，如果被困住，它们会拼命撞向围栏，试图逃跑；它们的领地意识也很强，雄性瞪羚在圈养环境中也不太可能得到优良的繁育。虽然瞪羚可以被短时间地驯服并赶进围栏，但与绵羊、山羊、牛不同（它们可以完全听从人类的指示），由于瞪羚具有固定的迁徙路线，人类不得不跟着它们一同迁徙。(see Clutton-Brock, *Domesticated Mammals*, 19, 21)

［59］ John K. Anderson, *Hunting in the Ancient World* (Berkeley: University of California Press, 1985).

［60］ Suetonius, "Domitianus XIX (Translated by J. C. Rolfe)" (http://www. fordham.edu/halsall/ancient/ suet-domitian-rolfe.html).

［61］ Thomas Veltre, "Menageries, Metaphors, and Meanings", in *New Worlds, New Animals: From Menagerie to Zoological Park in the Nineteenth Century*, eds R. J. Hoage and William A. Deiss (Baltimore: Johns Hopkins University Press, 1996), 19−29.

［62］ Varro, cited in Anderson, *Hunting in the Ancient World*, 86.

［63］ Shelton, "Dancing and dying", 368.

［64］ Shelton, "Dancing and dying", 368.

［65］ Toynbee, *Animals in Roman Life and Art*, 20.

［66］ Keith Hopkins, *Death and Renewal: Sociological Studies in Roman History* (New York: Cambridge University Press, 1983).

［67］ Hopkins, *Death and Renewal*, 15−16.

［68］ Paul Veyne, *Bread and Circuses: Historical Sociology and Political Pluralism*, trans. Brian Pearce (London: Penguin Press, 1990).

［69］ Veyne, *Bread and Circuses*, 400−401.

［70］ K. M. Coleman, "Fatal Charades: Roman Executions Staged as Mythological Enactments", *Journal of Roman Studies* 80 (1990), 44−73.

［71］ Alison Futrell, *Blood in the Arena: The Spectacle of Roman Power* (Austin: University of Texas Press, 1997).

［72］ Shelby Brown, "Death as Decoration: Scenes from the Arena on Roman Domestic Mosaics", in *Pornography and Representation in Greece and Rome*, ed. Amy Richlin (New York: Oxford

University Press, 1992), 180−211.

[73] Thomas Wiedemann, *Emperors and Gladiators* (London: Routledge, 1992).

[74] George Jennison, *Animals for Show and Pleasure in Ancient Rome* (Manchester: Manchester University Press, 1937).

[75] David L. Bomgardner, "The Trade in Wild Beasts for Roman Spectacles: A Green Perspective", *Anthropozoologica* 16 (1992), 161−166.

[76] Futrell, *Blood in the Arena*, 24−26.

[77] Shelton, "Dancing and dying", 367.

[78] Donald G. Kyle, *Spectacles of Death in Ancient Rome* (New York: Routledge, 1998).

[79] Shelton, "Dancing and dying", 367.

[80] 乔斯琳·汤因比（J. M. C Toynbee）是拉丁语和希腊语作品中提及罗马生活中的动物的权威。主要的文学资料涉及瓦罗（Varro）、科鲁迈拉（Columella）、老普林尼、马提雅尔（Martial）、普卢塔赫（Plutarch）、阿里安（Arrian）、奥皮安（Oppian）和艾利安（Aelian）(see Toynbee, *Animals in Roman Life and Art*, 23)。

[81] Toynbee, *Animals in Roman Life and Art*, 19.

[82] William M. Johnson, *The Rose-Tinted Menagerie: A History of Animals in Entertainment, from Ancient Rome to the 20th Century* (London: Héretic, 1990).

[83] Kyle, *Spectacles of Death*, 13, 19.

[84] Anderson, *Hunting in the Ancient World*, 149.

[85] Claudian, "De Consulate Stilichonis, Book III" (http://penelope. uchicago.edu/Thayer/E/Roman/Texts/Claudian/De_Consulatu_ Stilichonis/3*.html).

[86] Jennison, *Animals for Show*, 141−149.

[87] Jennison, *Animals for Show*, 149.

[88] Jennison, *Animals for Show*, 159−162.

[89] Claudian, quoted in Jennison, *Animals for Show*, 160.
动物不愿在竞技场上攻击殉道者，这一点在基督教典籍中通常被作为殉道者无罪的证明。(Wiedemann, *Emperors and Gladiators*, 89).

[90] Roland Auguet, *Cruelty and Civilization: The Roman Games* (New York: Routledge, 1972).

[91] Dio Cassius, 'Book XXXIX', (http://penelope.uchicago.edu/Thayer/ E/Roman/Texts/Cassius_Dio/39*.html).

[92] Hopkins, *Death and Renewal*, 28.

[93] Hopkins, *Death and Renewal*, 29. On the use of public punishment as a strategy of social control, see Michel Foucault, *Discipline and Punish* (New York: Vintage, 1977/1995).

[94] Brown, 'Death as decoration', 181; Coleman, 'Fatal charades', 57−58.

［95］　Coleman, "Fatal charades", 59.

［96］　Brown, "Death as decoration", 208.

［97］　Brown, "Death as decoration", 194. This human serenity is shown in illus. 13.

［98］　Brown, "Death as decoration", 198.

［99］　Coleman, "Fatal charades", 54.

［100］　Coleman, "Fatal charades", 54.

［101］　Wiedemann, *Emperors and Gladiators*, 56.

［102］　Futrell, *Blood in the Arena*, 15.

［103］　Nigel Spivey, *Etruscan Art* (London: Thames and Hudson, 1997).

［104］　Jose M. Galan, "Bullfight Scenes in Ancient Egyptian Tombs", *Journal of Egyptian Archaeology* 80 (1994), 81−96.

［105］　Pliny the Elder, *Natural History: A Selection*, trans. John F. Healy (London: Penguin, 2004).

［106］　Veltre, "Menageries", 20.

［107］　Veltre, "Menageries", 20.

［108］　Houlihan, *Animal World of the Pharaohs*, 195

［109］　Houlihan, *Animal World of the Pharaohs*, 196.

［110］　Pliny the Elder, *Natural History*, 108−109.

［111］　Houlihan, *Animal World of the Pharaohs*, 199.

［112］　Houlihan, *Animal World of the Pharaohs*, 200.

［113］　Houlihan, *Animal World of the Pharaohs*, 200−203.

［114］　Hughes, *Pan's Travail*, 108.

［115］　Hughes, *Pan's Travail*, 109

［116］　Paul Plass, *The Game of Death in Ancient Rome* (Madison: University of Wisconsin Press, 1995).

［117］　Hughes, *Pan's Travail*, 109.

［118］　Michael Lahanas, "Galen"［www.mlahanas.de/Greeks/Galen.htm (accessed 18 November 2004)］.

［119］　Hughes, *Pan's Travail*, 108. On Aristotle and dissections, see also H. H. Scullard, *The Elephant in the Greek and Roman World* (Ithaca: Cornell University Press, 1974).

［120］　Hoage, R. J., Anne Roskell and Jane Mansour, "Menageries and Zoos to 1900", in New Worlds, *New Animals: From Menagerie to Zoological Park in the Nineteenth Century*, eds R. J. Hoage and William A. Deiss (Baltimore: Johns Hopkins University Press, 1996), 8−18, at 10.

［121］　Hoage, Roskell and Mansour, "Menageries and zoos", 10.

［122］　Pliny the Elder, *Natural History*, 129.

［123］　Kyle, *Spectacles of Death*, 17.

［124］　K. M. Coleman, "Launching into History: Aquatic Displays in the Early Empire", *The Journal of*

Roman Studies 83 (1993), 48−74.

[125]　Coleman, "Launching into history", 56.

[126]　K. M. Coleman, "Ptolemy Philadelphus and the Roman Amphitheater", in *Roman Theater and Society: E. Togo Salmon Papers I*, ed. William J. Slater (Ann Arbor: University of Michigan Press, 1996), 49−68.

[127]　Coleman, "Launching into history", 67.

[128]　Coleman, "Ptolemy", 66.

[129]　Elder Pliny, "The Natural History, Book VIII. The Nature of the Terrestrial Animals", eds John Bostock and H. T. Riley (http://www.perseus. tufts.edu/cgi-bin/ptext?doc=Perseus%3Atext%3A199 9.02.0137&query= toc:head%3D%23333, accessed 14 November 2005).

[130]　For a description of a similar cooperative fishing endeavour between contemporary dolphins and humans in Santa Catarina, Brazil, see Eugene Linden, *The Parrots Lament: And Other True Tales of Animals Intrigue, Intelligence, and Ingenuity* (New York: Penguin, 1999).

[131]　Elder Pliny, 'The Natural History, Book IX. The Natural History of Fishes', eds John Bostock and H. T. Riley (http://www.perseus.tufts.edu/cgi-bin/ ptext?doc=Perseus%3Atext%3A1999.02.0137&quer y=toc:head%3D%23418, accessed 14 November 2005).

[132]　John F. Healy, 'The Life and Character of Pliny the Elder', in *Pliny the Elder, Natural History: A Selection*, ed. John F. Healy (London: Penguin, 2004), ix−xxxx.

第三章

[1]　Lynn White, Jr., *Medieval Technology and Social Change* (London: Oxford University Press, 1962). 虽然很多历史学家对这本书，以及怀特将中世纪的社会变迁与技术创新（即技术决定论）联系在一起的理论有争议，但一些学者认为对这个时期也并没有更好的综述了："他的范式的大体轮廓仍然存在"，我们应该继续使用这本书，直到它被更好的理论所取代（Alex Roland, 'Once More into the Stirrups: Lynn White Jr., *Medieval Technology and Social Change*', *Technology and Culture* 44 (2003), 574−585, at 583）。

[2]　White, *MedievalTechnology*, 4.

[3]　Vito Fumagalli, *Landscapes of Fear: Perceptions of Nature and the City in the Middle Ages*, trans. Shayne Mitchell (Cambridge: Polity Press, 1994).

[4]　Fumagalli, Landscapes of Fear, 138, 142.

[5]　Walter of Henley, cited in White, *Medieval Technology*, 65.

[6]　White, *Medieval Technology*, 57−69.

［7］ White, *Medieval Technology*, 59.

［8］ White, *Medieval Technology*, 59−60.

［9］ White, *Medieval Technology*, 66−68.

［10］ White, *Medieval Technology*, 69, 73.

［11］ Lynn White, Jr., *Medieval Religion and Technology: Collected Essays* (Berkeley: University of California Press, 1978).

［12］ White, *Medieval Religion*, 146−147.

［13］ Fumagalli, *Landscapes of Fear*, 146−148.

［14］ David Herlihy, *The Black Death and the Transformation of the West* (Cambridge, MA: Harvard University Press, 1997).

［15］ Norman F. Cantor, *In the Wake of the Plague: The Black Death and the World It Made* (New York: Free Press, 2001).

［16］ Rob Meens, 'Eating Animals in the Early Middle Ages: Classifying the Animal World and Building Group Identities', in *The Animal/Human Boundary: Historical Perspectives*, eds Angela N. H. Creager and William Chester Jordan (Rochester, NY: University of Rochester Press, 2002), 3−28.

［17］ Keith Thomas, *Man and the Natural World: A History of the Modern Sensibility* (New York: Pantheon, 1983).

［18］ Thomas, *Man and the Natural World*, 116.

［19］ Meens, 'Eating animals', 16.

［20］ Meens, 'Eating animals', 16−18.

［21］ Esther Cohen, 'Animals in Medieval Perceptions: The Image of the Ubiquitous Other', in *Animals and Human Society: Changing Perspectives*, eds Aubrey Manning and James Serpell (London: Routledge, 1994), 59−80.

［22］ Cohen, 'Animals in medieval perceptions', 63.

［23］ Bartholomeus, cited in Cohen, 'Animals in medieval perceptions', 61.

［24］ Janetta Rebold Benton, 'Gargoyles: Animal Imagery and Artistic Individuality in Medieval Art', in *Animals in the Middle Ages: A Book of Essays*, ed. Nona C. Flores (New York and London: Garland Publishing, 1996), 147−165.

［25］ Janetta Rebold Benton, *The Medieval Menagerie: Animals in the Art of the Middle Ages* (New York: Abbeville Press, 1992).

［26］ Nona C. Flores (ed.) *Animals in the Middle Ages: A Book of Essays* (New York: Garland, 1996).

［27］ 一些权威人士认为，"Physiologus" 是文本的作者，而不是作品的标题，也许是某个生活在早期基督教时期的人，"the Physiologus" 可能指的是 "自然历史学家"［see Kenneth Clark, *Animals and Men: Their Relationship as Reflected in Western Art from Prehistory to the Present*

Day (New York: William Morrow, 1977), 20]。

[28] Debra Hassig, 'Sex in the Bestiaries', in *The Mark of the Beast: The Medieval Bestiary in Art, Life and Literature, ed. Debra Hassig* (New York: Garland, 1999), 71–93.

[29] Hassig, 'Sex in the bestiaries', 72–79.

[30] Anna Wilson, 'Sexing the Hyena: Intraspecies Readings of the Female Phallus', *Signs* 28 (2003), 755–790.

[31] Wilson, 'Sexing the hyena', 764.

[32] Hassig, 'Sex in the bestiaries', 74.

[33] Hassig, 'Sex in the bestiaries', 82.

[34] Hassig, 'Sex in the bestiaries', 80–81.

[35] Paul H. Freedman, 'The Representation of Medieval Peasants as Bestial and as Human', in *The Animal/Human Boundary: Historical Perspectives*, eds Angela N. H. Creager and William Chester Jordan (Rochester, NY: University of Rochester Press, 2002), 29–49.

[36] Freedman, 'Medieval peasants as bestial', 33.

[37] Janet Backhouse, *Medieval Rural Life in the Luttrell Psalter* (Toronto: University of Toronto Press, 2000).

[38] Thomas, *Man and the Natural World*, 95.

[39] Robert S. Gottfried, *The Black Death: Natural and Human Disaster in Medieval Europe* (New York: Free Press, 1983), at 3.

[40] Gottfried, *Black Death*, 7.

[41] Gottfried, *Black Death*, 24–26.
虽然我知道有人对戈特弗里德的书提出了一些批评 [see Stuart Jenks's review in *The Journal of Economic History*, 46(3) 1986, 815–823]，但其他学者认为戈特弗里德的著作对中世纪的黑死病进行了全面的记录，具有借鉴意义，例如坎托（Cantor）《瘟疫的唤醒》（*Wake of the Plague*），224。

[42] Clive Ponting, *A Green History of the World* (Middlesex: Penguin, 1991).

[43] Ponting, *Green History*, 104–105.
庞廷还声称，在一些饥荒地区会发生人吃人的现象。1318年在爱尔兰，人们挖出尸体来吃；在西里西亚，被处决的罪犯也被吃掉。

[44] Graham Twigg, *The Black Death: A Biological Reappraisal* (London: Batsford, 1984).

[45] Cantor, *Wake of the Plague*, 15–16.

[46] Cantor, *Wake of the Plague*, 15.

[47] John M. Gilbert, *Hunting and Hunting Reserves in Medieval Scotland* (Edinburgh: John Donald Publishers, 1979).

[48] Jean Birrell, 'Deer and Deer Farming in Medieval England', *Agricultural History Review* 40 (1991), 112−126.

[49] Birrell, 'Deer farming in medieval England', 119.

[50] Birrell, 'Deer farming in medieval England', 122.

[51] Marcelle Thiébaux, 'The Mediaeval Chase', *Speculum* 42 (1967), 260−274.

[52] Thiébaux, 'The mediaeval chase', 262.

[53] Joseph Strutt, *The Sports and Pastimes of the People of England*, ed. J. C. Cox (London and New York: Augustus M. Kelley, 1903).

[54] Marcelle Thiébaux, *The Stag of Love: The Chase in Medieval Literature* (Ithaca: Cornell University Press, 1974).

[55] Thomas, *Man and the Natural World*, 105−106.

[56] Ian MacInnes, 'Mastiffs and Spaniels: Gender and Nation in the English Dog', *Textual Practice* 17 (2003), 21−40.

[57] Douglas Brewer, Terence Clark and Adrian Phillips, *Dogs in Antiquity: Anubis to Cerberus, the Origins of the Domestic Dog* (Warminster: Aris & Phillips, 2001).

[58] Gilbert, *Hunting Reserves in Medieval Scotland*, 65.

[59] William Secord, *Dog Painting, 1840−1940: A Social History of the Dog in Art* (Suffolk: Antique Collectors' Club, 1992).

[60] Thomas, *Man and the Natural World*, 101; Secord, *Dog Painting*, 64.

[61] Oscar Brownstein, 'The Popularity of Baiting in England before 1600: A Study in Social and Theatrical History', *Educational Theatre Journal* 21 (1969), 237−250.

[62] Brownstein, 'Baiting in England before 1600', 243.

[63] Fumagalli, *Landscapes of Fear*, 136.

[64] Fumagalli, *Landscapes of Fear*, 40.

[65] Fumagalli, *Landscapes of Fear*, 147.

[66] Herlihy, *Black Death and the Transformation of the West*, 17.

[67] Gottfried, *BlackDeath*, 98.

[68] Fumagalli, *Landscapes of Fear*, 133; Gottfried, Black Death, 82.

[69] J. Huizinga, *The Waning of the Middle Ages: A Study of the Forms of Life, Thought and Art in France and the Netherlands in the XIVth and XVth Centuries* (New York: St Martins, 1949).

[70] Gottfried, *Black Death*, 90−92; Herlihy, *Black Death and the Transformation of the West*, 63.

[71] William G. Naphy and Penny Roberts, eds, *Fear in Early Modern Society* (Manchester: Manchester University Press, 1997).

[72] Herlihy, *Black Death and the Transformation of the West*, 67−68.

[73] Cohen, "Animals in medieval perceptions", 65−68.

[74] 在替罪羊的仪式中，一名祭司牵来两只山羊，杀死一只，然后郑重地将人们的罪孽放置在另一只山羊的头上。之后，第二只山羊被赶到旷野或是送到陡峭的悬崖上摔死，让罪孽随着山羊的死而被带走。

[75] Cohen, "Animals in medieval perceptions", 66−67.

[76] Ronald Hutton, *The Rise and Fall of Merry England: The Ritual Year 1400−1700* (New York: Oxford, 1994).

[77] 人们是如何利用动物来进行"荡妇羞辱"的？我将在下一章中做详细说明。

[78] Strutt, *Sports and Pastimes of the People of England*, 201.

[79] Cohen, "Animals in medieval perceptions", 68.

[80] Cohen, "Animals in medieval perceptions", 68.

[81] Cohen, "Animals in medieval perceptions", 69−71.

[82] Fumagalli, *Landscapes of Fear*, 143.

[83] Ruth Mellinkoff, 'Riding Backwards: Theme of Humiliation and Symbol of Evil', *Viator* 4 (1973), 154−166.

[84] Mellinkoff, 'Riding backwards', 175.

[85] Huizinga, *Waning of the Middle Ages*, 24.

[86] Esther Cohen, "Symbols of Culpability and the Universal Language of Justice: The Ritual of Public Executions in Late Medieval Europe", *History of European Ideas* 11 (1989), 407−416.

[87] Cohen, "Symbols of culpability", 412−413.

[88] Cohen, "Symbols of culpability", 411.

[89] Pieter Spierenberg, *The Spectacle of Suffering: Executions and the Evolution of Repression from a Preindustrial Metropolis to the European Experience* (Cambridge: Cambridge University Press, 1984).

[90] Piers Beirnes, "The Law Is an Ass: Reading E.P. Evans" the Medieval Prosecution and Capital Punishment of Animals', *Society and Animals* 2 (1994), 27−46.

[91] Cohen, "Animals in medieval perceptions", 73.

[92] Peter Dinzelbacher, "Animal Trials: A Multidisciplinary Approach", *Journal of Interdisciplinary History* 32 (2002), 405−421.

[93] Peter Mason, "The Excommunication of Caterpillars: Ethno-Anthropological Remarks on the Trial and Punishment of Animals", *Social Science Information* 27 (1988), 265−273.

[94] Cohen, "Animals in medieval perceptions", 74.

[95] Biernes, "The law is an ass", 31.

[96] Cohen, "Animals in medieval perceptions", 74.

［97］ Cohen, "Animals in medieval perceptions", 75.

［98］ Cohen, 'Law, folklore and animal lore', 35.

［99］ Dinzelbacher, "Animal trials", 405–406.

［100］ William M. Johnson, *The Rose-Tinted Menagerie: A History of Animals in Entertainment, from Ancient Rome to the 20th Century* (London: Heretic, 1990).

［101］ Vernon N. Kisling, Jr., "Ancient Collections and Menageries", in *Zoo and Aquarium History: Ancient Animal Collections to Zoological Gardens*, ed. Vernon N. Kisling, Jr. (Boca Raton: CRC Press, 2001), 1–47.

［102］ Johnson, *The Rose-Tinted Menagerie*, 31.

［103］ Strutt, *Sports and Pastimes of the People of England*, 195.

［104］ Strutt, *Sports and Pastimes of the People of England*, 196–197.

［105］ Strutt, *Sports and Pastimes of the People of England*, 197.

［106］ Secord, *Dog Painting*, 94.

［107］ Secord, *Dog Painting*, 91.

［108］ Thomas Moffet, cited in Brownstein, "Popularity of baiting in England before 1600", 242.

［109］ Brownstein, "Baiting in England before 1600", 241–242.

［110］ Thomas Veltre, "Menageries, Metaphors, and Meanings", in *New Worlds, New Animals: From Menagerie to Zoological Park in the Nineteenth Century*, eds R. J. Hoage and William A. Deiss (Baltimore: Johns Hopkins University Press, 1996), 19–29.

［111］ Daniel Hahn, *The Tower Menagerie: Being the Amazing True Story of the Royal Collection of Wild and Ferocious Beasts* (London: Simon & Schuster, 2003).

［112］ Hahn, *Tower Menagerie*, 16.

［113］ Derek Wilson, *The Tower of London: A Thousand Years* (London: Allison & Busby, 1998).

［114］ Wilson, *Tower of London*, 23.

［115］ Hahn, *Tower Menagerie*, 27.

［116］ Clinton H. Keeling, "Zoological Gardens of Great Britain", in *Zoo and Aquarium History: Ancient Animal Collections to Zoological Gardens*, ed. Vernon N. Kisling, Jr. (Boca Raton: CRC Press, 2001), 49–74.

［117］ Clark, *Animals and Men*, 107.

［118］ Veltre, "Menageries, metaphors, and meanings", 25.

［119］ White, *Medieval Religion*, 28.

［120］ Herlihy, *Black Death and the Transformation of the West*, 72.

［121］ Joyce E. Salisbury, *The Beast Within* (New York & London: Routledge, 1994).

［122］ Thomas, *Man and the Natural World*, 151.

［123］ Thomas, *Man and the Natural World*, 152−153.

［124］ Geoffrey Chaucer, "The Manciple's Tale of the Crow", (1380)［http://www.4literature.net/Geoffrey_ Chaucer/Manciple_s_Tale/ (accessed 28 November 2005)］.

［125］ Francis of Assisi, *The Little Flowers of St Francis of Assisi*, trans. W. Heywood (New York: Vintage, 1998).

［126］ Adrian House, *Francis of Assisi* (Mahwah, NJ: HiddenSpring, 2001).

［127］ House, *Francis of Assisi*, 179.

［128］ Thomas, *Man and the Natural World*, 153.

［129］ White, *Medieval Religion*, 31−32.

［130］ Clark, *Animals and Men*, 26.

［131］ Nona C. Flores, "The Mirror of Nature Distorted: The Medieval Artist's Dilemma in Depicting Animals", in *The Medieval World of Nature: A Book of Essays*, ed. Joyce E. Salisbury (New York: Garland Publishing, 1993), 3−45.

［132］ Flores, "Mirror of nature distorted", 9.

［133］ White, *Medieval Religion*, 32, 41.

第四章

［1］ Stephen T. Asma, *Stuffed Animals and Pickled Heads: The Culture and Evolution of Natural History Museums* (New York: Oxford University Press, 2001).

［2］ Albrecht Dürer, *Nature's Artist: Plants and Animals*, ed. Christopher Wynne, trans. Michael Robinson (Munich: Prestel, 2003).

［3］ E. H. Gombrich, *The Story of Art* (New York: Phaidon Press, 1995).

［4］ Eric Baratay and Elisabeth Hardouin-Fugier, *Zoo: A History of Zoological Gardens in the West* (London: Reaktion, 2002).

［5］ Dürer, *Nature's Artist*, 62.

［6］ Asma, *Stuffed Animals*, 70−72.

［7］ Oliver Impey and Arthur MacGregor, "Introduction", in *The Origins of Museums: The Cabinet of Curiosities in Sixteenth- and Seventeenth-Century Europe*, eds Oliver Impey and Arthur MacGregor (Oxford: Clarendon Press, 1985), 1−4.

［8］ Baratay and Hardouin-Fugier, *Zoo*, 31.

［9］ Baratay and Hardouin-Fugier, *Zoo*, 31−32.

［10］ Baratay and Hardouin-Fugier, *Zoo*, 32.

[11] Vernon N. Kisling, Jr., "Ancient Collections and Menageries", in *Zoo and Aquarium History: Ancient Animal Collections to Zoological Gardens*, ed. Vernon N. Kisling, Jr. (Boca Raton: CRC Press, 2001), 1–47.

[12] Kisling, "Ancient collections and menageries", 28, 30.

[13] Kenneth Clark, *Animals and Men: Their Relationship as Reflected in Western Art from Prehistory to the Present Day* (New York: William Morrow, 1977).

[14] Charles Nicholl, *Leonardo Da Vinci: Flights of the Mind* (New York: Viking Penguin, 2004).

[15] Nicholl, *Leonardo da Vinci*, 42.

[16] Leonardo da Vinci, "Fables on Animals, from the Notebooks of Leonardo Da Vinci, Volume 1, Trans Jean Paul Richter, 1888" (http://www.schulers.com/books/science/Notebooks_of_Leonardo/ Notebooks_of_Leonardo129.htm).

[17] Kenneth Clark, *Leonardo Da Vinci: An Account of His Development as an Artist* (London: Penguin, 1959).

[18] Giorgio Vasari, quoted in Clark, *Leonardo da Vinci*, 127.

[19] Nicholl, *Leonardo da Vinci*, 43.

[20] Clark, *Leonardo da Vinci*, 89.
        众所周知，达·芬奇在佛罗伦萨的新圣母医院进行过人体解剖(see Clark, *Leonardo da Vinci*, 147)。

[21] Thomas Veltre, "Menageries, Metaphors, and Meanings", in *New Worlds, New Animals: From Menagerie to Zoological Park in the Nineteenth Century*, eds R. J. Hoage and William A. Deiss (Baltimore: Johns Hopkins University Press, 1996), 19–29.

[22] Anita Guerrini, "The Ethics of Animal Experimentation in Seventeenth-Century England", *Journal of the History of Ideas* 50 (1989), 391–407.

[23] Daniel Garrison, "Animal Anatomy in Vesalius's *on the Fabric of the Human Body*" (2003)(http:// vesalius.northwestern.edu/essays/animalanatomy.html, accessed 5 October 2004).

[24] Robert S. Gottfried, *The Black Death: Natural and Human Disaster in Medieval Europe* (New York: Free Press, 1983).

[25] Gottfried, *Black Death*, 135–136.

[26] Gottfried, *Black Death*, 138.

[27] Keith Thomas, *Man and the Natural World: A History of the Modern Sensibility* (New York: Pantheon, 1983).

[28] Gottfried, *Black Death*, 138.

[29] Gottfried, *Black Death*, 90.

[30] Norbert Schneider, *Still Life: Still Life Painting in the Early Modern Period* (Köln: Taschen, 1999).

[31] Norman Bryson, *Looking at the Overlooked: Four Essays on Still Life Painting* (London: Reaktion Books, 1990), at 147.

[32] Bryson, *Looking at the Overlooked*, 149.

[33] Bryson, *Looking at the Overlooked*, 149.

[34] Schneider, *Still Life*, 34, 41.

[35] Nathaniel Wolloch, "Dead Animals and the Beast-Machine: Seventeenth-Century Netherlandish Paintings of Dead Animals, as Anti-Cartesian Statements", *Art History* 22 (1999), 705–727.

[36] Schneider, *Still Life*, 28.

[37] Clark, *Animals and Men*, 118.

[38] Schneider, *Still Life*, 12.

[39] Bryson, *Looking at the Overlooked*, 160–161.

[40] Scott A. Sullivan, *The Dutch Gamepiece* (Totowa, NJ: Rowman & Allanheld Publishers, 1984).

[41] Roger B. Manning, "Poaching as a Symbolic Substitute for War in Tudor and Early Stuart England", *Journal of Medieval and Renaissance Studies* 22 (1992), 185–210.

[42] Manning, "Poaching", 191.

[43] Manning, "Poaching", 193.

[44] Roger B. Manning, *Village Revolts: Social Protest and Popular Disturbances in England, 1509–1640* (Oxford: Clarendon Press, 1988).

[45] Manning, *Village Revolts*, 287–288.

[46] Manning, "Poaching", 189.

[47] Manning, "Poaching", 186.

[48] Manning, "Poaching", 208–209.

[49] Manning, "Poaching", 201–202.

[50] Schneider, *Still Life*, 51.

[51] Wolloch, "Dead animals and the beast-machine", 705.

[52] Schneider, *Still Life*, 28.

[53] Anonymous, cited in Clive Ponting, *A Green History of the World* (London: Penguin, 1991), 105.

[54] Gottfried, *Black Death*, 89.

[55] Garthine Walker, *Crime, Gender and Social Order in Early Modern England* (Cambridge: Cambridge University Press, 2003).

[56] Richard D. Ryder, *Animal Revolution: Changing Attitudes Towards Speciesism* (Oxford: Berg, 2000). (Originally published in 1989.)

[57] Robert Darnton, *The Great Cat Massacre and Other Episodes in French Cultural History* (NY/London: Basic/Penguin, 2001). (Originally published in 1984.)

[58]　Katharine M. Rogers, *The Cat and the Human Imagination: Feline Images from Bast to Garfield* (Ann Arbor: University of Michigan Press, 1998).

[59]　Mark S. R. Jenner, "The Great Dog Massacre", in *Fear in Early Modern Society*, eds William G. Naphy and Penny Roberts (Manchester: Manchester University Press, 1997), 44−61.

[60]　Jenner, "Great dog massacre", 49−50.

[61]　David Underdown, *Revel, Riot, and Rebellion: Popular Politics and Culture in England 1603−1660* (Oxford: Clarendon Press, 1985).

[62]　Jenner, "Great dog massacre", 56.

[63]　Thomas, *Man and the Natural World*, 110.

[64]　Thomas, *Man and the Natural World*, 104.

[65]　Katharine MacDonogh, *Reigning Cats and Dogs* (New York: St Martin's Press, 1999).

[66]　Thomas, *Man and the Natural World*, 183.

[67]　Oscar Brownstein, "The Popularity of Baiting in England before 1600: A Study in Social and Theatrical History", *Educational Theatre Journal* 21 (1969), 237−350.

[68]　Tobias Hug, "'You Should Go to Hockley in the Hole, and to Marybone, Child, to Learn Valour': On the Social Logic of Animal Baiting in Early Modern London", *Renaissance Journal* 2 (2004) (http://www2.warwick.ac.uk/fac/arts/ren/publications/journal/nine/hug.doc, accessed 28 July 2005).

[69]　William Secord, *Dog Painting, 1840−1940: A Social History of the Dog in Art* (Suffolk: Antique Collectors' Club, 1992).

[70]　Secord, *Dog Painting*, 95.

[71]　Rebecca Ann Bach, "Bearbaiting, Dominion, and Colonialism", in *Race, Ethnicity, and Power in the Renaissance*, ed. Joyce Green MacDonald (London: Associated University Presses, 1997), 19−35.

[72]　Jason Scott-Warren, "When Theaters Were Bear-Gardens; or, What's at Stake in the Comedy of Humors", *Shakespeare Quarterly* 54 (2003), 63−82.

[73]　James Stokes, "Bull and Bear Baiting in Somerset: The Gentles' Sport", in *English Parish Drama*, eds Alexandra F. Johnston and Wim Husken (Amsterdam: Rodopi, 1996), 65−80.

[74]　Stokes, "Bull and bear baiting in Somerset", 68−69.

[75]　Bruce Boehrer, *Shakespeare Among the Animals* (New York: Palgrave, 2002); Stephen Dickey, "Shakespeare's mastiff comedy", *Shakespeare Quarterly* 42 (1991), 255−275; Erica Fudge, *Perceiving Animals* (Urbana: University of Illinois Press, 2002) (Originally published in 1999.).

[76]　Hug, "You should go to Hockley", 7.

[77]　Stokes, "Bull and bear baiting in Somerset", 65.

[78]　Bach, "Bearbaiting, dominion, and colonialism", 20; Scott-Warren, "When theaters were bear-gardens", 63; Leslie Hotson, *The Commonwealth and Restoration Stage* (New York: Russell &

Russell, 1962).

[79]　Dickey, "Shakespeare's mastiff comedy", 255, 262.

[80]　Scott-Warren, "When theaters were bear-gardens", 64.

[81]　Scott-Warren, "When theaters were bear-gardens", 74.

[82]　Scott-Warren, "When theaters were bear-gardens", 74, 77.

[83]　Scott-Warren, "When theaters were bear-gardens", 78.

[84]　Ian MacInnes, "Mastiffs and Spaniels: Gender and Nation in the English Dog", *Textual Practice* 17 (2003), 21−40.

[85]　MacInnes, "Mastiffs and spaniels", 30.

[86]　Dickey, "Shakespeare's mastiff comedy", 256−259.

[87]　S. P. Cerasano, "The Master of the Bears in Art and Enterprise", *Medieval and Renaissance Drama in England* V (1991), 195−209, at 199.

[88]　Hug, "You should go to Hockley", 6.

[89]　Dickey, "Shakespeare's mastiff comedy", 259.

[90]　Dickey, "Shakespeare's mastiff comedy", 260.

[91]　Fudge, *Perceiving Animals*, 19.

[92]　Bach, "Bearbaiting, dominion, and colonialism", 21.

[93]　Stokes, "Bull and bear baiting in Somerset", 76.

[94]　Gottfried, *Black Death*, 103.

[95]　Theodore K. Rabb, *The Struggle for Stability in Early Modern Europe* (New York: Oxford University Press, 1975).

[96]　Rabb, *Struggle for Stability*, 94−95.

[97]　J. Huizinga, *The Waning of the Middle Ages: A Study of the Forms of Life, Thought and Art in France and the Netherlands in the XIVth and XVth Centuries* (New York: St. Martins, 1949).

[98]　David Herlihy, *The Black Death and the Transformation of the West* (Cambridge, MA: Harvard University Press, 1997).

[99]　Rabb, *Struggle for Stability*, 40−41.

[100]　Rabb, *Struggle for Stability*, 40.

[101]　Peter Clark, *The English Alehouse: A Social History, 1200−1830* (New York: Longman, 1983).

[102]　Clark, *The English Alehouse*, 152.

[103]　Clark, *The English Alehouse*, 153, 155.

[104]　Clark, *The English Alehouse*, 234.

[105]　Underdown, *Revel, Riot, and Rebellion*, 101.

[106]　Underdown, *Revel, Riot, and Rebellion*, 100−101.

［107］ E. Cobham Brewer, "Dictionary of Phrase and Fable" (1898) (http://www.bartleby.com/81/8465. html, accessed 8 June 2005).

［108］ Anton Blok, "Rams and Billy-Goats: A Key to the Mediterranean Code of Honour", *Man* 16 (1981), 427−440.

［109］ Blok, "Rams and billy-goats", 431−432.

［110］ Blok, "Rams and billy-goats", 430.

［111］ Underdown, *Revel, Riot, and Rebellion*, 101−102.

［112］ Underdown, *Revel, Riot, and Rebellion*, 102.

［113］ Michel de Montaigne, "An Apologie de Raymond Sebond", Chapter 12 from Montaigne's Essays: Book II (trans. John Florio)' (1580) (http://www.uoregon.edu/%7Erbear/montaigne/2xii.htm, accessed 5 July 2005).

第五章

［1］ Peter Harrison, "Virtues of Animals in Seventeenth-Century Thought", *Journal of the History of Ideas* 59 (1998), 463−484, at 463.

［2］ René Descartes, "Letter to Marquess of Newcastle, 23 November 1646", in *Descartes: Philosophical Letters*, ed. Anthony Kenny (Oxford: Clarendon Press, 1970), 206−207.

［3］ René Descartes, "Letter from Descartes to More, 5 February 1649", in *Descartes: Philosophical Letters*, ed. Anthony Kenny (Oxford: Clarendon Press, 1970), 245.

［4］ Peter Harrison, "Descartes on Animals", *The Philosophical Quarterly*, 42(1992), 220。
哈里森指出，理查德−瑞德所写的，"笛卡儿在他的狗身上做实验，而疏远了他的妻子"是错误的［Richard Ryder, *AnimalRevolution* (Oxford: Berg, 2000)］。如此苛待妻子和宠物的人其实是法国生理学家克劳德−贝尔纳。

［5］ George Heffernan, "Preface", to *Discourse on the Method*, by René Descartes, 1637, ed. George Heffernan (Notre Dame: University of Notre Dame Press, 1994), 2.

［6］ René Descartes, *Discourse on the Method of Conducting One's Reason Well and of Seeking the Truth in the Sciences* (1637), ed. George Heffernan (Notre Dame: University of Notre Dame Press, 1994).

［7］ Theodore Brown, cited in Theodore K. Rabb, *The Struggle for Stability in Early Modern Europe* (New York: Oxford, 1975), 111.

［8］ Ruth Perry, "Radical Doubt and the Liberation of Women", *Eighteenth-Century Studies* 18 (1985), 472−493.

［9］ Anita Guerrini, "The Ethics of Animal Experimentation in Seventeenth-Century England", *Journal of the History of Ideas* 50 (1989), 391−407.

［10］ Guerrini, "Ethics of animal experimentation", 392.

［11］ Guerrini, "Ethics of animal experimentation", 395.

［12］ Nathaniel Wolloch, "Dead Animals and the Beast-Machine: Seventeenthcentury Netherlandish Paintings of Dead Animals, as Anti-Cartesian Statements", *Art History* 22 (1999), 705−727 at 721−722.
死亡与濒死状态在表现动物的艺术作品中具有引人入胜的美感，这种说法也是谢尔比·布朗在对公元3世纪的马赛克装饰画中的罗马竞技场场景进行分析时提出的（见本书第二章）。

［13］ E. H. Gombrich, *The Story of Art* (New York: Phaidon Press, 1995).

［14］ Gombrich, *Story of Art*, 379.

［15］ Gombrich, *Story of Art*, 380−381.

［16］ Scott A. Sullivan, *The Dutch Gamepiece* (Totowa, NJ: Rowman & Allanheld Publishers, 1984).

［17］ Sullivan, *Dutch Gamepiece*, 40−41.

［18］ Sullivan, *Dutch Gamepiece*, 79.

［19］ Sullivan, *Dutch Gamepiece*, 2, 4.

［20］ Sullivan, *Dutch Gamepiece*, 17.

［21］ Wolloch, 'Dead animals and the beast-machine', 713−714.

［22］ Norbert Schneider, *Still Life: Still Life Painting in the Early Modern Period* (Köln: Taschen, 1999).

［23］ Sullivan, *Dutch Gamepiece*, 17.

［24］ J. Huizinga, *The Waning of the Middle Ages* (New York: St. Martins, 1949) 250, 253.

［25］ Schneider, *Still Life*, 52−53.

［26］ Sullivan, *Dutch Gamepiece*, 21, 78.

［27］ Schneider, *Still Life*, 54.

［28］ Sullivan, *Dutch Gamepiece*, 20.

［29］ Sullivan, *Dutch Gamepiece*, 20.

［30］ Sullivan, *Dutch Gamepiece*, 56.

［31］ Wolloch, "Dead animals and the beast-machine", 713, 726.

［32］ Sullivan, *DutchGamepiece*, 38.
这种捕捉鸟类的方法在古时候已经被使用，人们通过放置假鸟或是镜子来吸引鸟类，将其引诱到一根涂有黏稠的捕鸟胶的杆子或树枝上。[see J. Donald Hughes, *Pan's Travail: Environmental Problems of the Ancient Greeks and Romans* (Baltimore: Johns Hopkins University Press, 1994), 104]。

［33］ Sullivan, *Dutch Gamepiece*, 38.

［34］ Sullivan, *Dutch Gamepiece*, 42.

［ 35 ］ Kenneth Clark, *Animals and Men: Their Relationship as Reflected in Western Art from Prehistory to the Present Day* (New York: William Morrow, 1977).

［ 36 ］ M. Therese Southgate, "Two Cows and a Young Bull Beside a Fence in a Meadow", *Journal of the American Medical Association* 284 (2000), 279.

［ 37 ］ John Berger, *Ways of Seeing* (London: Penguin Books, 1972).

［ 38 ］ Harriet Ritvo, *The Animal Estate: The English and Other Creatures in the Victorian Age* (Cambridge, MA: Harvard University Press, 1987).

［ 39 ］ Garry Marvin, "Cultured Killers: Creating and Representing Foxhounds", *Society and Animals* 9, np (2001) (www.psyeta.org/sa/sa9.3/marvin.shtml, accessed 16 July 2004).

［ 40 ］ Keith Thomas, *Man and the Natural World: A History of the Modern Sensibility* (New York: Pantheon, 1983).

［ 41 ］ Jason Hribal, "Animals Are Part of the Working Class: A Challenge to Labor History", *Labor History* 44 (2003), 435−453.

［ 42 ］ Clark, *Animals and Men*, 21−22.

［ 43 ］ E. P. Thompson, *Customs in Common* (London: Merlin Press, 1991).

［ 44 ］ Robert Darnton, *The Great Cat Massacre and Other Episodes in French Cultural History* (New York/London: Basic/Penguin, 2001). (Originally published in 1984.)

［ 45 ］ Darnton, *Great Cat Massacre*, 29−30.

［ 46 ］ Huizinga, *Waning of the Middle Ages*, 250.

［ 47 ］ Thompson, *Customs in Common*, 1, 18.

［ 48 ］ Peter Burke, "Popular Culture in Seventeenth-Century London", *The London Journal* 3 (1977), 143−162.

［ 49 ］ Thompson, *Customs in Common*, 54.

［ 50 ］ Ronald Hutton, *The Rise and Fall of Merry England: The Ritual Year 1400−1700* (New York: Oxford University Press, 1994).

［ 51 ］ Burke, "Popular culture in seventeenth-century London", 145.

［ 52 ］ Coral Lansbury, *The Old Brown Dog: Women, Workers, and Vivisection in Edwardian England* (Madison: University of Wisconsin Press, 1985), 61.

［ 53 ］ Darnton, *Great Cat Massacre*, 83.

［ 54 ］ Claude Lévi-Strauss, *Totemism*, trans. Rodney Needham (Boston, MA: Beacon Press, 1963), 89.

［ 55 ］ Darnton, *Great Cat Massacre*, 89−90.

［ 56 ］ Darnton, *Great Cat Massacre*, 83.

［ 57 ］ Darnton, *Great Cat Massacre*, 85, 92, 96.

［ 58 ］ Darnton, *Great Cat Massacre*, 95.

［59］ Burke, "Popular culture in seventeenth-century London", 146.

［60］ Darnton, *Great Cat Massacre*, 75−82.

［61］ 基思·托马斯（Keith Thomas）指出，穷人残害贵族的动物是很常见的，以"一种挑衅的社会抗议姿态……将士绅的狗、马和鹿视为贵族特权的象征……［和］对其原有权利的威胁"（see Thomas，*Man and the Natural World*，184）。

［62］ Thompson, *Customs in Common*, 470−471.

［63］ Thompson, *Customs in Common*, 478.

［64］ Thompson, *Customs in Common*, 487, 489.

［65］ Burke, "Popular culture in seventeenth-century London", 148.

［66］ Richard D. Altick, *The Shows of London* (Cambridge, MA: Belknap Press, 1978).

［67］ Altick, *Shows of London*, 39; Eric Baratay and Elisabeth Hardouin-Fugier, *Zoo: A History of Zoological Gardens in the West* (London: Reaktion, 2002), 60−61.

［68］ Altick, *Shows of London*, 40.

［69］ Baratay and Hardouin-Fugier, *Zoo*, 60.

［70］ Joseph Strutt, *The Sports and Pastimes of the People of England* (New York: Augustus M. Kelley Publishers, 1970), 200−201. (Originally published in 1801.)

［71］ Jean de La Fontaine, 'The Animals Sick of the Plague', in *Jean La Fontaine Fables Online on Windsor Castle* (http://oaks.nvg.org/lg2ra12.html, accessed 5 June 2005).

［72］ Louise E. Robbins, *Elephant Slaves and Pampered Parrots: Exotic Animals in Eighteenth-Century Paris* (Baltimore: Johns Hopkins University Press, 2002).

［73］ Baratay and Hardouin-Fugier, *Zoo*, 61.

［74］ Robbins, *Elephant Slaves and Pampered Parrots*, 71−72.

［75］ Robbins, *Elephant Slaves and Pampered Parrots*, 8.

［76］ Robbins, *Elephant Slaves and Pampered Parrots*, 126.

［77］ Robbins, *Elephant Slaves and Pampered Parrots*, 142.

［78］ Bruce Boehrer, *Shakespeare among the Animals: Nature and Society in the Drama of Early Modern England* (New York: Palgrave, 2002), at 100−101.

［79］ Thomas, *Man and the Natural World*, 110−111.

［80］ Thomas, *Man and the Natural World*, 112−115.

［81］ Robbins, *Elephant Slaves and Pampered Parrots*, 12.

［82］ Thomas, *Man and the Natural World*, 105.

［83］ John D. Blaisdell, 'The Rise of Man's Best Friend: The Popularity of Dogs as Companion Animals in Late Eighteenth-Century London as Reflected by the Dog Tax of 1796', *Anthrozoos* 12 (1999), 76−87.

［84］ Blaisdell, "Rise of man's best friend", 77–78.

［85］ Katharine MacDonogh, *Reigning Cats and Dogs* (New York: St. Martin's Press, 1999).

［86］ Ritvo, *Animal Estate*, 174.

［87］ Mark S. R. Jenner, "The Great Dog Massacre", in *Fear in Early Modern Society*, eds William G. Naphy and Penny Roberts (Manchester: Manchester University Press, 1997), 44–61.

［88］ Ritvo, *Animal Estate*, 170, 177, 179, 188.

［89］ Altick, *Shows of London*, 39; Robbins, *Elephant Slaves and Pampered Parrots*, 87–88.

［90］ Robbins, *Elephant Slaves and Pampered Parrots*, 87–88.

［91］ Altick, *Shows of London*, 39.

［92］ Baratay and Hardouin-Fugier, *Zoo*, 58.

［93］ Baratay and Hardouin-Fugier, *Zoo*, 55.

［94］ Thomas, *Man and the Natural World*, 277.

［95］ Baratay and Hardouin-Fugier, *Zoo*, 39.

［96］ Baratay and Hardouin-Fugier, *Zoo*, 59.

［97］ Altick, *Shows of London*, 38.

［98］ Altick, *Shows of London*, 39.

［99］ Baratay and Hardouin-Fugier, *Zoo*, 65.

［100］ Robbins, *Elephant Slaves and Pampered Parrots*, 37.

［101］ Robbins, *Elephant Slaves and Pampered Parrots*, 37–38.

［102］ Baratay and Hardouin-Fugier, *Zoo*, 51.

［103］ 就是提出了那个关于动物理性的著名问题的边沁："关键既不在于它们能否推理，也不在于它们能否言说，而是在于，它们能感受痛苦吗？" [see Jeremy Bentham, *Principles of Morals and Legislation*, 1789 (http://www.la.utexas.edu/research/poltheory/bentham/ipml/ipml.c17.s01.n02.html, accessed 26 July 2005)]

［104］ Jeremy Bentham, "Panopticon", in *The Panopticon Writings*, ed. Miran Bozovic (London: Verso, 1787/1995), 29–95 (http://cartome.org/panopticon2.htm, accessed 26 July 2005).

［105］ Michel Foucault, *Discipline and Punish: The Birth of the Prison*, trans. Alan Sheridan (New York: Vintage, 1995) (http://cartome.org/foucault.htm, accessed 16 July 2005).

［106］ Matthew Senior, "The Menagerie and the Labyrinthe: Animals at Versailles, 1662–1792", in *Renaissance Beasts: Of Animals, Humans, and Other Wonderful Creatures*, ed. Erica Fudge (Urbana: University of Illinois Press, 2004), 208–232, at 212.

［107］ Baratay and Hardouin-Fugier, *Zoo*, 51, 62.

［108］ Senior, "Menagerie and the labyrinthe", 221.

［109］ Baratay and Hardouin-Fugier, *Zoo*, 69; Robbins, *Elephant Slaves and Pampered Parrots*, 65–66.

［110］ Robbins, *Elephant Slaves and Pampered Parrots*, 66−67.

［111］ Baratay and Hardouin-Fugier, *Zoo*, 68.

［112］ Baratay and Hardouin-Fugier, *Zoo*, 75.

［113］ Robbins, *Elephant Slaves and Pampered Parrots*, 45.

［114］ Baratay and Hardouin-Fugier, *Zoo*, 67.

［115］ www.kfki.hu/~arthp/bio/s/stubbs/biograph.html, accessed 27 April 2004.

［116］ Matthew Cobb, "Reading and Writing the Book of Nature: Jan Swammerdam (1637−1680)", *Endeavour* 24 (2000), 122−128.

［117］ 这些森林静物画家包括奥托·马修斯·范·施里克、扬−斯瓦默丹、安东·范·列文虎克和雷切尔·鲁伊斯（see Schneider, *StillLife*, 195−197）。

［118］ Guerrini, "Ethics of animal experimentation", 406−407.

［119］ Robert Hooke, quoted in Guerrini, 'Ethics of animal experimentation', 401.

［120］ Thomas, *Man and the Natural World*, 166.

［121］ Thomas, *Man and the Natural World*, 173.
　　　　我应该注意到阿妮塔·圭里尼的论点，当一种对动物的新情感在17世纪形成时，人们并没有在道德上反对活体解剖，而只有孤立的情感和审美上的抱怨(see Guerrini, "Ethics of animal experimentation", 407)。

［122］ Voltaire, "Beasts", in *The Philosophical Dictionary, for the Pocket* (Catskill: T. & M. Croswel, J. Fellows & E. Duyckinck, 1796), 29. (Originally published in 1764.)

［123］ Thomas Wentworth, "Act against Plowing by the Tayle, and Pulling the Wooll Off Living Sheep, 1635", in *The Statutes at Large, Passed in the Parliaments Held in Ireland* (Dublin: George Grierson, 1786), ix.

［124］ Nathaniel Ward, "'Off the Bruite Creature', Liberty 92 and 93 of the Body of Liberties of 1641", in *A Bibliographical Sketch of the Laws of the Massachusetts Colony from 1630 to 1686*, ed. William H. Whitmore (Boston, 1890). (Originally published in 1856.)

［125］ Cobb, "Book of Nature", 127.

［126］ William Blake, (1789), "The Fly", Project Gutenberg EText of Poems of William Blake (www.gutenberg.org/catalog/world/readfile?pageno=21+fK-files=36357.

［127］ David Hill, "Of Mice and Sparrows: Nature and Power in the Late Eighteenth Century", *Forum for Modern Language Studies* 38 (2002), 1−13 at 3−4.

［128］ Robert Burns, "To a Mouse on Turning Her up in Her Nest with a Plough", (1785) (http://www.robertburns.org/works/75.shtml).

［129］ Hill, "Mice and sparrows", 6.
　　　　上一章讨论的达·芬奇的寓言，也显示出了与特定动物的情感上的密切关系。

［130］ Thomas, *Man and the Natural World*, 280.

［131］ Robbins, *Elephant Slaves and Pampered Parrots*, 233.

［132］ Thomas, *Man and the Natural World*, 184.

［133］ Burke, "Popular culture in seventeenth-century London", 154－155.

［134］ Diana Donald, "'Beastly Sights': The Treatment of Animals as a Moral Theme in Representations of London, 1820－1850", *Art History* 22 (1999), 514－44.

［135］ Donald, "Beastly sights", 516, 523.

［136］ William Hogarth, quoted in I. R. F. Gordon, "The Four Stages of Cruelty (1750)", in *The Literary Encyclopedia*, eds Robert Clark, Emory Elliott and Janet Todd (London: The Literary Dictionary Company, 2003) (http://www.litencyc.com/php/sworks.php?rec=true&UID=807, accessed 25 May 2005).

［137］ Katharine M. Rogers, *The Cat and the Human Imagination: Feline Images from Bast to Garfield* (Ann Arbor: University of Michigan Press, 1998), 41.

［138］ Rogers, *Cat and the Human Imagination*, 42.

［139］ Donald, "Beastly sights", 525－526.

［140］ Donald, "Beastly sights", 515.

［141］ Ritvo, *Animal Estate*, 67, 75.

［142］ Donald, "Beastly sights", 521－502.

［143］ Thomas, *Man and the Natural World*, 100.

［144］ Thomas, *Man and the Natural World*, 182.

［145］ Hribal, "Animals are part of the working class", 436.

第六章

［1］ Richard Martin, Act to Prevent the Cruel and Improper Treatment of Cattle, in *United Kingdom Parliament Legislation* (Leeds, 1822).

［2］ 虽然更早些的英文资料，如钦定版《圣经》，将牲畜泛指为cattle，但cattle在当代的用法中一般是指牛（bovines）。

［3］ Keith Thomas, *Man and the Natural World: A History of the Modern Sensibility* (New York: Pantheon, 1983).

［4］ Brian Harrison, "Animals and the State in Nineteenth-Century England", *The English Historical Review* 99 (1973), 786－820.

［5］ Thomas, *Man and the Natural World*, 186.

[6] Thomas, *Man and the Natural World*, 186.

[7] Harrison, "Animals and the state", 788.

[8] Diana Donald, "Beastly sights': The Treatment of Animals as a Moral Theme in Representations of London, 1820–1850", *Art History* 22 (1999), 514–544.

[9] Donald, "Beastly sights", 530.

[10] Thomas, *Man and the Natural World*, 299.

[11] Donald, "Beastly sights", 530.

[12] Charles Dickens, *Oliver Twist* (London: Penguin, 2002), 171. (Originally published in 1838.)

[13] Thomas, *Man and the Natural World*, 185.

[14] Henry S. Salt. *Animals' Rights* (New York and London, 1892), 16–17.

[15] Coral Lansbury, *The Old Brown Dog: Women, Workers, and Vivisection in Edwardian England* (Madison: University of Wisconsin Press, 1985).

[16] Lansbury, *Old Brown Dog*, 54.

[17] Lansbury, *Old Brown Dog*, 85.

[18] Lansbury, *Old Brown Dog*, 9–10, 16–21.

[19] Lansbury, *Old Brown Dog*, 14.

[20] Lansbury, *Old Brown Dog*, 188.

[21] Stanley Coren, *The Pawprints of History: Dogs and the Course of Human Events* (Free Press, 2003), 152; Harrison, "Animals and the State", 789.

[22] Anonymous quoted in William Secord, *Dog Painting: The European Breeds* (Suffolk: Antique Collectors' Club, 2000), 23.

[23] Coren, *Pawprints of History*, 153.

[24] M. B. McMullan, "The Day the Dogs Died in London", *London Journal* 23 (1) (1998), 32–40, at 39.

[25] Coren, *Pawprints of History*, 155.

[26] Harriet Ritvo, *The Animal Estate: The English and Other Creatures in the Victorian Age* (Cambridge, MA: Harvard University Press, 1987).

[27] Katharine MacDonogh, *Reigning Cats and Dogs* (New York: St. Martin's Press, 1999).

[28] Ritvo, *Animal Estate*, 170.

[29] Kathleen Kete, *The Beast in the Boudoir: Petkeeping in Nineteenth-Century Paris* (Berkeley: University of California Press, 1994).

[30] Kete, *Beast in the Boudoir*, 98.

[31] Kete, *Beast in the Boudoir*, 101–102.

[32] Kete, *Beast in the Boudoir*, 103–104.

[33] Kete, *Beast in the Boudoir*, 104.

［34］ Whitney Chadwick, "The Fine Art of Gentling: Horses, Women and Rosa Bonheur in Victorian England", in *The Body Imaged: The Human Form and Visual Culture since the Renaissance*, eds Kathleen Adler and Marcia Pointon, 89−107 (Cambridge: Cambridge University Press, 1993).

［35］ Chadwick, "Art of gentling", 100−101.

［36］ Chadwick, "Art of gentling", 102.

［37］ Lansbury, *Old Brown Dog*, 99.

［38］ Lansbury, *Old Brown Dog*, 99.

［39］ Lansbury, *Old Brown Dog*, 101−102.

［40］ Lansbury, *Old Brown Dog*, 69.

［41］ Lansbury, *Old Brown Dog*, 69.

［42］ Martha Lucy, "Reading the Animal in Degas's *Young Spartans*", *Nineteenth-Century Art Worldwide: A Journal of Nineteenth-Century Visual Culture* Spring (2003), 1−18 (http://www.19thc-artworldwide.org/spring_03/articles/lucy.html, accessed 16 July 2004).

［43］ Lucy, "Reading the animal", 11.

［44］ Vernon N. Kisling, Jr., "Ancient Collections and Menageries", in *Zoo and Aquarium History: Ancient Animal Collections to Zoological Gardens*, ed. Vernon N. Kisling, Jr. (Boca Raton: CRC Press, 2001), 1−47.

［45］ Eric Baratay and Elisabeth Hardouin-Fugier, *Zoo: A History of Zoological Gardens in the West* (London: Reaktion, 2002).

［46］ Stephen T. Asma, *Stuffed Animals & Pickled Heads: The Culture and Evolution of Natural History Museums* (New York: Oxford University Press, 2001).

［47］ Ritvo, *Animal Estate*, 248.

［48］ Asma, *Stuffed Animals*, 42.

［49］ Asma, *Stuffed Animals*, 37−38.

［50］ Francis Klingender, *Animals in Art and Thought to the End of the Middle Ages* eds Evelyn Antal and John Harthan (Cambridge, MA: MIT Press, 1971).

［51］ J. B. Wheat, cited in Juliet Clutton-Brock, *A Natural History of Domesticated Mammals* (New York: Cambridge University Press, 1999), 21.

［52］ Jody Emel, "Are You Man Enough, Big and Bad Enough? Wolf Eradication in the US", in *Animal Geographies: Place, Politics, and Identity in the Nature-Culture Borderlands*, eds Jennifer Wolch and Jody Emel (London: Verso, 1998), 91−116.

［53］ Keith Miller, "The West: Buffalo Hunting on the Great Plains: Promoting One Society While Supplanting Another" (2002) (http://hnn.us/articles/531.html, accessed 9 October 2005).

［54］ James Howe, 'Fox Hunting as Ritual', *American Ethnologist* 8 (1981), 278−300.

[55] Howe, "Fox hunting", 284, 294.

[56] Henry Charles Fitz-Roy Somerset, eighth Duke of Beaufort, cited in Howe, "Fox hunting", 279.

[57] Ritvo, *Animal Estate*, 243.

[58] Ritvo, *Animal Estate*, 248.

[59] Baratay and Hardouin-Fugier, *Zoo*, 114–115.

[60] Theodore Roosevelt, "Wild Man and Wild Beast in Africa", *The National Geographic Magazine* 22 (1911), 1–33.

[61] Roosevelt, "Wild man", 4.

[62] Donna Haraway, *Primate Visions: Gender, Race, and Nature in the World of Modern Science* (New York: Routledge, 1989).

[63] Haraway, *Primate Visions*, 30–41.

[64] Carl Akeley, cited in Haraway, *Primate Visions*, 33.

[65] Haraway, *Primate Visions*, 31.

[66] Haraway, *Primate Visions*, 30.

[67] Haraway, *Primate Visions*, 34.

[68] Linda Kalof and Amy Fitzgerald, "Reading the Trophy: Exploring the Display of Dead Animals in Hunting Magazines", *Visual Studies* 18 (2003), 112–122.

[69] Kalof and Fitzgerald, "Reading the trophy", 118.

[70] Thomas R. Dunlap, "The Coyote Itself: Ecologists and the Value of Predators, 1900–1972", *Environmental Review* 7 (1983), 54–70.

[71] Dunlap, "Coyote", 55.

[72] Dunlap, "Coyote", 55–56.

[73] Emel, "Man enough", 96, 99.

[74] Emel, "Man enough", 98.

[75] Dunlap, "Coyote", 58.

[76] Dunlap, "Coyote", 57–58.

[77] Berger, *About Looking* (New York: Pantheon Books, 1980).

[78] Berger, *About Looking*, 23.

[79] Bob Mullan and Garry Marvin, *Zoo Culture* (London: Weidenfeld & Nicolson, 1987).

[80] Randy Malamud, *Reading Zoos: Representations of Animals and Captivity* (New York: New York University Press, 1998).

[81] Baratay and Hardouin-Fugier, *Zoo*, 80.

[82] Michel Foucault, *Discipline and Punish: The Birth of the Prison*, trans. Allan Sheridan (New York: Vintage Books, 1995), at 200. (Originally published in 1977).

［83］ Foucault, *Discipline and Punish*, 220.

［84］ Yi-Fu Tuan, *Dominance and Affection: The Making of Pets* (New Haven: Yale University Press, 1984).

［85］ Malamud, *Reading Zoos*, 226.

［86］ Peter Batten, cited in Mullan and Marvin, *Zoo Culture*, 135.

［87］ Nigel Rothfels, *Savages and Beasts: The Birth of the Modern Zoo* (Baltimore: Johns Hopkins University Press, 2002).

［88］ Ritvo, *Animal Estate*, 220; Rothfels, *Savages and Beasts*, 23−24.

［89］ Malamud, *Reading Zoos*, 231−235.

［90］ Baratay and Hardouin-Fugier, *Zoo*, 185.

［91］ Baratay and Hardouin-Fugier, *Zoo*, 237.

［92］ Herman Reichenbach, cited in Mullan and Marvin, *ZooCulture*, 112.
据估计，在19世纪的动物园里，每一只动物展出，背后会有另外10只动物被杀害——人们经常会宰杀母兽和其他成年动物以捕获其幼崽，还有无数动物在运输过程中死亡（见Baratay and Hardouin-Fugier, *Zoo*, 118）。

［93］ Rothfels, *Savages and Beasts*, 9.

［94］ Baratay and Hardouin-Fugier, *Zoo*, 238−242.

［95］ Baratay and Hardouin-Fugier, *Zoo*, 100−101.

［96］ Susan G. Davis, *Spectacular Nature: Corporate Culture and the Sea World Experience* (Berkeley: University of California Press, 1997).

［97］ Davis, *Spectacular Nature*, 22−23.

［98］ Davis, *Spectacular Nature*, 25−28.

［99］ Davis, *Spectacular Nature*, 35.

［100］ Jane C. Desmond, *Staging Tourism: Bodies on Display from Waikiki to Sea World* (Chicago: University of Chicago Press, 1999).

［101］ Desmond, *Staging Tourism*, 193.

［102］ Desmond, *Staging Tourism*, 200.

［103］ Desmond, *Staging Tourism*, 204−205.

［104］ Desmond, *Staging Tourism*, 150, 197.

［105］ Bartolomé Bennassar, *The Spanish Character: Attitudes and Mentalities from the Sixteenth to the Nineteenth Century*, trans. Benjamin Keen (Berkeley: University of California Press, 1979).

［106］ José Luis Acquaroni, *Bulls and Bullfighting*, trans. Charles David Ley (Barcelona: Editorial Noguer, 1966).

［107］ Juan Belmonte, *Killer of Bulls: The Autobiography of a Matador* (Garden City, NY: Doubleday,

Doran & Co., 1937).

[108] Bennassar, *Spanish Character*, 158−160.

[109] Julian Pitt-Rivers, "The Spanish Bull-Fight and Kindred Activities", *Anthropology Today* 9 (1993), 11−15.

[110] Jennifer Reese, "Festa", *Via* May (2003) (http://www.viamagazine.com/top_stories/articles/festa03. asp, accessed 10 October 2005).

[111] Garry Marvin, *Bullfight* (Urbana: University of Illinois Press, 1994).

[112] Marvin, *Bullfight*, 134−136.

[113] Marvin, *Bullfight*, 138.

[114] Marvin, *Bullfight*, 130.

[115] Bennassar, *Spanish Character*, 158.

[116] Bennassar, *Spanish Character*, 158.

[117] Marvin, *Bullfight*, 132−133, 142; Pitt-Rivers, "Spanish bull-fight", 12.

[118] Sarah Pink, *Women and Bullfighting: Gender, Sex and the Consumption of Tradition* (Oxford: Berg, 1997).

[119] Pitt-Rivers, "Spanish bull-fight", 12.

[120] Clifford Geertz, *The Interpretation of Cultures* (New York: Basic Books, 1973).

[121] Geertz, *Interpretation of Cultures*, 442.

[122] Fred Hawley, "The Moral and Conceptual Universe of Cockfighters: Symbolism and Rationalization", *Society and Animals* 1 (1993), 159−168.

[123] Rhonda Evans, DeAnn K. Gauthier and Craig J. Forsyth, "Dogfighting: Symbolic Expression and Validation of Masculinity", *Sex Roles* 39 (1998), 825−838.

[124] Evans, Gauthier and Forsyth, 'Dogfighting', 833.

[125] Jonathan Burt, *Animals in Film* (London: Reaktion, 2002).

[126] Burt, *Animals in Film*, 177.

[127] Jonathan Burt, "The Illumination of the Animal Kingdom: The Role of Light and Electricity in Animal Representation", *Society and Animals* 9 (2001), 203−228.

[128] Akira Mizuta Lippit, "The Death of an Animal", *Film Quarterly* 56 (2002), 9−22.

[129] Lippit, "Death of an Animal", 12.

[130] Burt, "Illumination of the Animal Kingdom", 212.

[131] Steve Baker, *Picturing the Beast: Animals, Identity, and Representation* (Urbana: University of Illinois Press, 2001). (Originally published in 1993.)

[132] Donna J. Haraway, Modest_Witness@Second_Millennium.FemaleMan©_Meets_OncoMouse™ (New York: Routledge, 1997).

［133］ Haraway, *Modest _Witness*, 79.

［134］ Haraway, *Modest_Witness*, 215.

［135］ Haraway, *Modest_Witness*, 265.

［136］ Gilles Deleuze and Félix Guattari, *A Thousand Plateaus: Capitalism and Schizophrenia*, trans. Brian Massumi (Minneapolis: University of Minnesota Press, 1987).

［137］ Deleuze and Guattari, *Thousand Plateaus*, 241−243.

［138］ Deleuze and Guattari, *Thousand Plateaus*, 244−245.

［139］ Steve Baker, *The Postmodern Animal* (London: Reaktion, 2000).

［140］ Baker, *Postmodern Animal*, 104, 138.

［141］ Malamud, *Reading Zoos*, 275.

［142］ Baker, *Postmodern Animal*, 54, 189.

［143］ Baker, *Postmodern Animal*, 61, 106−107, 112.

［144］ Anonymous, "Liquidising Goldfish 'Not a Crime'", (http://news.bbc.co.uk/1/hi/world/europe/3040891.stm, accessed 28 October 2005).

［145］ Gail Davies, "Virtual Animals in Electronic Zoos: The Changing Geographies of Animal Capture and Display", in *Animal Spaces, Beastly Places: New Geographies of Human−Animal Relations*, eds Chris Philo and Chris Wilbert (London: Routledge, 2000), 243−267.

［146］ Malamud, *Reading Zoos*, 258.

［147］ Davies, "Virtual animals", 258.

［148］ Haraway, *Modest_Witness*, 215.

·参考文献

Acquaroni, José Luis, *Bulls and Bullfighting*, trans. Charles David Ley (Barcelona:Editorial Noguer, 1966).

Altick, Richard D., *The Shows of London* (Cambridge, MA: Belknap Press, 1978).

Anderson, John K., *Hunting in the Ancient World* (Berkeley: University of CaliforniaPress, 1985).

Anonymous, "Liquidising Goldfish 'Not a Crime'" (http://news.bbc.co.uk/1/hi/world/europe/3040891.stm, accessed 28 October 2005).

Asma, Stephen T., *Stuffed Animals and Pickled Heads: The Culture and Evolution of Natural History Museums* (New York: Oxford University Press, 2001).

Assisi, Francis of, *The Little Flowers of St. Francis of Assisi*, trans. W. Heywood (NewYork: Vintage, 1998).

Auguet, Roland, *Cruelty and Civilization: The Roman Games* (New York: Routledge,1972).

Bach, Rebecca Ann, "Bearbaiting, Dominion, and Colonialism", in *Race, Ethnicity,and Power in the Renaissance*, ed. Joyce Green MacDonald (London: Associated University Presses, 1997), 19-35.

Backhouse, Janet, *Medieval Rural Life in the Luttrell Psalter* (Toronto: University of Toronto Press, 2000).

Bahn, Paul G. and Jean Vertut, *Journey through the Ice Age* (Berkeley: University of California Press, 1997).

Baker, Steve, *The Postmodern Animal* (London: Reaktion, 2000).

Baker, Steve, *Picturing the Beast: Animals, Identity, and Representation* (Urbana:University of Illinois Press, 2001). (Originally published in 1993.)

Baratay, Eric and Elisabeth Hardouin-Fugier, *Zoo: A History of Zoological Gardensin the West* (London: Reaktion, 2002). (Originally published in 1993).

Barringer, Judith M., *The Hunt in Ancient Greece* (Baltimore: Johns Hopkins University Press, 2001).

Beirnes, Piers, "The Law Is an Ass: Reading E. P. Evans' the Medieval Prosecutionand and Capital Punishment of Animals", *Society and Animals* 2 (1994), 27-46.

Belmonte, Juan, *Killer of Bulls: The Autobiography of a Matador* (Garden City, NY: Doubleday, Doran, 1937).

Bennassar, Bartolomé, *The Spanish Character: Attitudes and Mentalities from the Sixteenthto the*

Nineteenth Century, trans. Benjamin Keen (Berkeley: University of California Press, 1979).

Bentham, Jeremy, "Panopticon", in *The Panopticon Writings*, ed. Miran Bozovic(London: Verso, 1787/1995), 29−95 (http://cartome.org/panopticon2.htm, accessed 26 July 2005).

Bentham, Jeremy, *Principles of Morals and Legislation* (1789) (http://www.la.utexas.edu/research/ poltheory/bentham/ipml/ipml.c17.s01.n02.html,accessed 26 July 2005).

Benton, Janetta Rebold, *The Medieval Menagerie: Animals in the Art of the Middle Ages* (New York: Abbeville Press, 1992).

Benton, Janetta Rebold, "Gargoyles: Animal Imagery and Artistic Individuality in Medieval Art", in *Animals in the Middle Ages: A Book of Essays*, ed. Nona C.Flores (New York and London: Garland Publishing, 1996), 147−165.

Berger, John, *Ways of Seeing* (London: Penguin Books, 1972).

Berger, John, *About Looking* (New York: Pantheon Books, 1980).

Birrell, Jean, "Deer and Deer Farming in Medieval England", *Agricultural History Review* 40 (1991), 112−26.

Blaisdell, John D., "The Rise of Man's Best Friend: The Popularity of Dogs as Companion Animals in Late Eighteenth-Century London as Reflected by the Dog Tax of 1796", *Anthrozoos* 12 (1999), 76−87.

Blake, Robert (1789), "The Fly", Project Gutenberg EText of Poems of Robert Blake (www.gutenberg.org/ catalog/world/readfile?pageno=21+fK-files=36357).

Blok, Anton, "Rams and Billy-Goats: A Key to the Mediterranean Code of Honour", *Man* 16 (1981), 427−440.

Boehrer, Bruce, *Shakespeare among the Animals: Nature and Society in the Drama of Early Modern England* (New York: Palgrave, 2002).

Bomgardner, David L., "The Trade in Wild Beasts for Roman Spectacles: A Green Perspective", *Anthropozoologica* 16 (1992), 161−166.

Brewer, Douglas, Terence Clark and Adrian Phillips, *Dogs in Antiquity: Anubis to Cerberus, the Origins of the Domestic Dog* (Warminster: Aris & Phillips, 2001).

Brewer, E. Cobham, "Dictionary of Phrase and Fable", (1898) (http://www.bartleby.com/81/8465.html, accessed 8 June 2005).

Brier, Bob, "Case of the Dummy Mummy", *Archaeology* 54 (2001), 28−29.

Brown, Shelby, "Death as Decoration: Scenes from the Arena on Roman Domestic Mosaics", in *Pornography and Representation in Greece and Rome*, ed. Amy Richlin (New York: Oxford University Press, 1992), 180−211.

Brownstein, Oscar, "The Popularity of Baiting in England before 1600: A Studyin Social and Theatrical History", *Educational Theatre Journal* 21 (1969), 237−250.

Bryson, Norman, *Looking at the Overlooked: Four Essays on Still Life Painting* (London: Reaktion Books, 1990).

Burke, Peter, "Popular Culture in Seventeenth-Century London", *The London Journal* 3 (1977), 143−162.

Burns, Robert, "To a Mouse on Turning Her up in Her Nest with a Plough", (1785) (http://www.robertburns.org/works/75.shtml).

Burt, Jonathan, "The Illumination of the Animal Kingdom: The Role of Light and Electricity in Animal Representation", *Society and Animals* 9 (2001), 203−228.

Burt, Jonathan, *Animals in Film* (London: Reaktion, 2002).

Cantor, Norman F., *In the Wake of the Plague: The Black Death and the World It Made* (New York: Free Press, 2001).

Cerasano, S. P., "The Master of the Bears in Art and Enterprise", *Medieval and Renaissance Drama in England* V (1991), 195−209.

Chadwick, Whitney, "The Fine Art of Gentling: Horses, Women and Rosa Bonheur in Victorian England", in *The Body Imaged: The Human Form and Visual Culture since the Renaissance*, eds Kathleen Adler and Marcia Pointon (Cambridge: Cambridge University Press, 1993), 89−107.

Chaix, L., A. Bridault and R. Picavet, "A Tamed Brown Bear (Ursus Arctos L.) of the Late Mesolithic from La Grande-Rivoire (Isère, France)?", *Journal of Archaeological Science* 24 (1997), 1067−1074.

Chaucer, Geoffrey, "The Manciple's Tale of the Crow" (1380) (http://www.4literature.net/Geoffrey_Chaucer/Manciple_s_Tale/, accessed 28 November2005).

Clark, Kenneth, *Leonardo Da Vinci: An Account of His Development as an Artist* (London: Penguin, 1959).

Clark, Kenneth, *Animals and Men: Their Relationship as Reflected in Western Art from Prehistory to the Present Day* (New York: William Morrow, 1977).

Clark, Peter, *The English Alehouse: A Social History, 1200−1830* (New York: Longman, 1983).

Claudian, "De Consulate Stilichonis, Book III", (http://penelope.uchicago.edu/Thayer/E/Roman/Texts/Claudian/De_Consulatu_Stilichonis/3*.html).

Clottes, Jean, *Chauvet Cave: The Art of Earliest Times*, trans. Paul G. Bahn (Salt Lake City: University of Utah Press, 2003).

Clottes, Jean and Jean Courtin, *The Cave beneath the Sea: Paleolithic Images at Cosquer*, trans. Marilyn Garner (New York: Harry N. Abrams, 1996).

Clutton-Brock, Juliet, *A Natural History of Domesticated Mammals* (New York: Cambridge University Press, 1999). (Originally published in 1987.)

Clutton-Brock, Juliet ed., *The Walking Larder: Patterns of Domestication, Pastoralism, and Predation* (London: Unwin Hyman, 1989).

Cobb, Matthew, "Reading and Writing the Book of Nature: Jan Swammerdam (1637−1680)", *Endeavour* 24 (2000), 122−128.

Cohen, Ester, "Law, Folklore, and Animal Lore", *Past and Present* 110 (1986), 6–37.

Cohen, Esther, "Symbols of Culpability and the Universal Language of Justice:The Ritual of Public Executions in Late Medieval Europe", *History of European Ideas* 11 (1989), 407–416.

Cohen, Esther, "Animals in Medieval Perceptions: The Image of the Ubiquitous Other", in *Animals and Human Society: Changing Perspectives*, eds Aubrey Manning and James Serpell (London: Routledge, 1994), 59–80.

Coleman, K. M., "Fatal Charades: Roman Executions Staged as Mythological Enactments", *Journal of Roman Studies* 80 (1990), 44–73.

Coleman, K. M., "Launching into History: Aquatic Displays in the Early Empire", *Journal of Roman Studies* 83 (1993), 48–74.

Coleman, K. M., "Ptolemy Philadelphus and the Roman Amphitheater", in *Roman Theater and Society: E. Togo Salmon Papers I*, ed. William J. Slater (Ann Arbor: University of Michigan Press, 1996), 49–68.

Collins, Paul, 'A Goat Fit for a King', *ART News* 102 (7) (2003), 106–108.

Conard, Nicholas J., "Palaeolithic Ivory Sculptures from Southwestern Germany and the Origins of Figurative Art", *Nature* 426 (2003), 830–832.

Coren, Stanley, *The Pawprints of History: Dogs and Course of Human Events* (New York: Free Press, 2003).

Da Vinci, Leonardo, "Fables on Animals, from the Notebooks of Leonardo Da Vinci, Volume 1, trans. Jean Paul Richter, 1888" (http://www.schulers. com/books/science/Notebooks_of_Leonardo/Notebooks_of_Leonardo129.htm).

Darnton, Robert, *The Great Cat Massacre and Other Episodes in French Cultural History* (New York/London: Basic/Penguin, 2001). (Originally published in1984.)

David, Ephraim, "Hunting in Spartan Society and Consciousness", *Echos du Monde Classique/Classical Views* 37 (1993), 393–413.

Davies, Gail, "Virtual Animals in Electronic Zoos: The Changing Geographies of Animal Capture and Display", in *Animal Spaces, Beastly Places: New Geographies of Human–Animal Relations*, eds Chris Philo and Chris Wilbert (London: Routledge, 2000), 243–267.

Davis, Susan G., *Spectacular Nature: Corporate Culture and the Sea World Experience* (Berkeley: University of California Press, 1997).

Deleuze, Gilles and Félix Guattari, *A Thousand Plateaus: Capitalism and Schizophrenia*, trans. Brian Massumi (Minneapolis: University of Minnesota Press,1987).

Descartes, René, "Letter to Marquess of Newcastle, 23 November 1646", in *Descartes: Philosophical Letters*, ed. Anthony Kenny (Oxford: Clarendon Press,1970).

Descartes, René, "Letter from Descartes to More, 5 February 1649", in *Descartes: Philosophical Letters*, ed. Anthony Kenny (Oxford: Clarendon Press, 1970).

Descartes, René, *Discourse on the Method of Conducting One's Reason Well and of Seeking the Truth in the Sciences (1637)*, ed. George Heffernan, trans. George Heffernan (Notre Dame: University of Notre Dame Press, 1994).

Desmond, Jane C., *Staging Tourism: Bodies on Display from Waikiki to Sea World* (Chicago: University of Chicago Press, 1999).

Dickens, Charles, *Oliver Twist, or the Parish Boy's Progress (1837)* (London: Penguin, 2002). (Originally published in 1838.)

Dickey, Stephen, "Shakespeare's Mastiff Comedy", *Shakespeare Quarterly* 42 (1991), 255–275.

Dinzelbacher, Peter, "Animal Trials: A Multidisciplinary Approach", *Journal of Interdisciplinary History* 32 (2002), 405–421.

Dio, Cassius, 'Book XXXIX', (http://penelope.uchicago.edu/Thayer/E/Roman/Texts/Cassius_Dio/39*.html).

Donald, Diana, "'Beastly Sights": The Treatment of Animals as a Moral Theme in Representations of London, 1820–1850', *Art History* 22 (1999), 514–544.

Dunlap, Thomas R., "The Coyote Itself: Ecologists and the Value of Predators, 1900–1972", *Environmental Review* 7 (1983), 54–70.

Dürer, Albrecht, *Nature's Artist: Plants and Animals*, ed. Christopher Wynne, trans. Michael Robinson (Munich: Prestel, 2003).

Emel, Jody, "Are You Man Enough, Big and Bad Enough? Wolf Eradication in the US", in *Animal Geographies: Place, Politics, and Identity in the Nature-Culture Borderlands*, eds Jennifer Wolch and Jody Emel (London: Verso, 1998), 91–116.

Evans, Rhonda, DeAnn K. Gauthier and Craig J. Forsyth, 'Dogfighting: Symbolic Expression and Validation of Masculinity', *Sex Roles* 39 (1998), 825–838.

Flores, Nona C., "The Mirror of Nature Distorted: The Medieval Artist's Dilemma in Depicting Animals", in *The Medieval World of Nature: A Book of Essays*, ed. Joyce E. Salisbury (New York: Garland Publishing, 1993), 3–45.

Flores, Nona C. (ed.) *Animals in the Middle Ages: A Book of Essays* (New York: Garland, 1996).

Foucault, Michel, *Discipline and Punish: the Birth of the Prison*, trans. Allan Sheridan (New York: Vintage Books, 1995). (Originally published in 1977).

Freedman, Paul H., "The Representation of Medieval Peasants as Bestial and as Human", in *The Animal/Human Boundary: Historical Perspectives*, eds Angela N. H. Creager and William Chester Jordan (Rochester: University of Rochester Press, 2002), 29–49.

Fudge, Erica, *Perceiving Animals: Humans and Beasts in Early Modern English Culture* (Urbana: University of Illinois Press, 2002). (Originally published in 1999.)

Fumagalli, Vito, *Landscapes of Fear: Perceptions of Nature and the City in the Middle Ages*, trans. Shayne Mitchell (Cambridge: Polity Press, 1994).

Futrell, Alison, *Blood in the Arena: The Spectacle of Roman Power* (Austin: University of Texas Press, 1997).

Galan, Jose M., "Bullfight Scenes in Ancient Egyptian Tombs", *Journal of Egyptian Archaeology* 80 (1994), 81–96.

Garrison, Daniel, "'Animal Anatomy' in Vesalius's *On the Fabric of the Human Body*" (2003) (http://vesalius.northwestern.edu/essays/animalanatomy.html, accessed 5 October 2004).

Geertz, Clifford, *The Interpretation of Cultures* (New York: Basic Books, 1973).

Gilbert, John M., *Hunting and Hunting Reserves in Medieval Scotland* (Edinburgh: John Donald Publishers, 1979).

Gombrich, E. H., *The Story of Art* (New York: Phaidon Press, 1995).

Gordon, I. R. F., "The Four Stages of Cruelty (1750)", in *The Literary Encyclopedia*, eds Robert Clark, Emory Elliott and Janet Todd (London: The Literary Dictionary Company, 2003) (http://www.litencyc.com/php/sworks.php?rec=true&UID=807, accessed 25 May 2005).

Gottfried, Robert S., *The Black Death: Natural and Human Disaster in Medieval Europe* (New York: Free Press, 1983).

Guerrini, Anita, "The Ethics of Animal Experimentation in Seventeenth-Century England", *Journal of the History of Ideas* 50 (1989), 391–407.

Hahn, Daniel, *The Tower Menagerie: Being the Amazing True Story of the Royal Collection of Wild and Ferocious Beasts* (London: Simon & Schuster, 2003).

Hansen, Donald P., "Art of the Royal Tombs of Ur: A Brief Interpretation", in *Treasures from the Royal Tombs of Ur*, eds Richard L. Zettler and Lee Horne (Philadelphia: University of Pennsylvania Museum, 1998), 43–59.

Haraway, Donna, *Primate Visions: Gender, Race, and Nature in the World of Modern Science* (New York: Routledge, 1989).

Haraway, Donna J., Modest_Witness@Second_Millennium.FemaleMan©_Meets_OncoMouse' (New York: Routledge, 1997).

Harrison, Brian, "Animals and the State in Nineteenth-Century England", *English Historical Review* 99 (1973), 786–820.

Harrison, Peter, "Descartes on Animals", *Philosophical Quarterly* 42 (1992), 219–227.

Harrison, Peter, "Virtues of Animals in Seventeenth-Century Thought", *Journal of the History of Ideas* 59 (1998), 463–484.

Hassig, Debra, "Sex in the Bestiaries", in *The Mark of the Beast: The Medieval Bestiary in Art, Life and*

Literature, ed. Debra Hassig (New York: Garland, 1999), 71−93.

Hawley, Fred, "The Moral and Conceptual Universe of Cockfighters: Symbolism and Rationalization", *Society and Animals* 1 (1993), 159−168.

Healy, John F., "The Life and Character of Pliny the Elder", in *Pliny the Elder, Natural History: A Selection*, ed. John F. Healy (London: Penguin, 2004), ix−xxxx.

Heffernan, George, "Preface", in *Discourse on the Method, by René Descartes (1637)*, ed. George Heffernan (Notre Dame: University of Notre Dame Press, 1994), 1−8.

Herlihy, David, *The Black Death and the Transformation of the West* (Cambridge, MA: Harvard University Press, 1997).

Hill, David, "Of Mice and Sparrows: Nature and Power in the Late Eighteenth Century", *Forum for Modern Language Studies* 38 (2002), 1−13.

Hoage, R. J., Anne Roskell and Jane Mansour, "Menageries and Zoos to 1900", in *New Worlds, New Animals: From Menagerie to Zoological Park in the Nineteenth Century*, eds R. J. Hoage and William A. Deiss (Baltimore: Johns Hopkins University Press, 1996), 8−18.

Hopkins, Keith, *Death and Renewal: Sociological Studies in Roman History* (New York: Cambridge University Press, 1983).

Hotson, Leslie, *The Commonwealth and Restoration Stage* (New York: Russell & Russell, 1962).

Houlihan, Patrick F., *The Animal World of the Pharaohs* (London: Thames and Hudson, 1996).

House, Adrian, *Francis of Assisi* (Mahwah, NJ: HiddenSpring, 2001).

Howe, James, "Fox Hunting as Ritual", *American Ethnologist* 8 (1981), 278−300.

Hribal, Jason, "'Animals Are Part of the Working Class': A Challenge to Labor History", *Labor History* 44 (2003), 435−453.

Hug, Tobias, "'You Should Go to Hockley in the Hole, and to Marybone, Child, to Learn Valour': On the Social Logic of Animal Baiting in Early Modern London", *Renaissance Journal* 2 (2004) (http://www2. warwick.ac.uk/fac/arts/ren/publications/journal/nine/hug.doc, accessed 28 July 2005).

Hughes, J. Donald, *Pan's Travail: Environmental Problems of the Ancient Greeks and Romans* (Baltimore: Johns Hopkins University Press, 1994).

Huizinga, J., *The Waning of the Middle Ages: A Study of the Forms of Life, Thought and Art in France and the Netherlands in the XIVth and XVth Centuries* (New York: St.Martins, 1949).

Hutton, Ronald, *The Rise and Fall of Merry England: The Ritual Year 1400−1700* (New York: Oxford, 1994).

Impey, Oliver and Arthur MacGregor, "Introduction", in *The Origins of Museums: The Cabinet of Curiosities in Sixteenth- and Seventeenth-Century Europe*, eds Oliver Impey and Arthur MacGregory (Oxford: Clarendon Press, 1985), 1−4.

Janson, H. W. and Joseph Kerman, *A History of Art and Music* (Englewood Cliffs, NJ: Prentice Hall, 1968).

Jenks, Stuart, "Review of the Black Death: Natural and Human Disaster in Medieval Europe (by Robert Gottfried)", *Journal of Economic History* 46, (1986) 815-823.

Jenner, Mark S. R., "The Great Dog Massacre", in *Fear in Early Modern Society*, eds William G. Naphy and Penny Roberts (Manchester: Manchester University Press, 1997), 44-61.

Jennison, George, *Animals for Show and Pleasure in Ancient Rome* (Manchester University Press, 1937).

Johnson, William M., *The Rose-Tinted Menagerie: A History of Animals in Entertainment, from Ancient Rome to the 20th Century* (London: Heretic, 1990).

Kalof, Linda and Amy Fitzgerald, "Reading the Trophy: Exploring the Display of Dead Animals in Hunting Magazines", *Visual Studies* 18 (2003), 112-122.

Kalof, Linda, Amy Fitzgerald and Lori Baralt, "Animals, Women and Weapons: Blurred Sexual Boundaries in the Discourse of Sport Hunting", *Society and Animals* 12(3), 2004), 237-251.

Keeling, Clinton H., "Zoological Gardens of Great Britain", in *Zoo and Aquarium History: Ancient Animal Collections to Zoological Gardens*, ed. Vernon N. Kisling, Jr. (Boca Raton: CRC Press, 2001), 49-74.

Kete, Kathleen, *The Beast in the Boudoir: Petkeeping in Nineteenth-Century Paris* (Berkeley: University of California Press, 1994).

Kisling, Vernon N., Jr., "Ancient Collections and Menageries", in *Zoo and Aquarium History: Ancient Animal Collections to Zoological Gardens*, ed. Vernon N. Kisling, Jr. (Boca Raton: CRC Press, 2001), 1-47.

Klingender, Francis, *Animals in Art and Thought to the End of the Middle Ages*, eds Evelyn Antal and John Harthan (Cambridge, MA: MIT Press, 1971).

Kyle, Donald G., *Spectacles of Death in Ancient Rome* (New York: Routledge, 1998).

La Fontaine, Jean de, "The Animals Sick of the Plague", in "Jean La Fontaine Fables Online on Windsor Castle" (http://oaks.nvg.org/lg2ra12.html, accessed 5 June 2005).

Lahanas, Michael, "Galen" (www.mlahanas.de/Greeks/Galen.htm, accessed 18 November 2004).

Lansbury, Coral, *The Old Brown Dog: Women, Workers, and Vivisection in Edwardian England* (Madison: University of Wisconsin Press, 1985).

Latour, Bruno, "A Prologue in Form of a Dialogue between a Student and his (somewhat) Socratic Professor" (http://www.ensmp.fr/~latour/articles/article/090.html).

Leveque, Pierre, *The Birth of Greece* (New York: Harry M. Abrams, 1994).

Lévi-Strauss, Claude, *Totemism*, trans. Rodney Needham (Boston: Beacon Press, 1963).

Lewis-Williams, David, *The Mind in the Cave: Consciousness and the Origins of Art* (London: Thames & Hudson, 2002).

Linden, Eugene, *The Parrot's Lament: And Other True Tales of Animals' Intrigue, Intelligence, and*

Ingenuity (New York: Penguin, 1999).

Lippit, Akira Mizuta, "The Death of an Animal", *Film Quarterly* 56 (2002), 9−22.

Lucy, Martha, "Reading the Animal in Degas's *Young Spartans*", *Nineteenth-Century Art Worldwide: A Journal of Nineteenth-Century Visual Culture* Spring(2003), 1−18 (http://www.19thc-artworldwide.org/spring_03/articles/lucy.html, accessed 16 July 2004).

MacDonogh, Katharine, *Reigning Cats and Dogs* (New York: St. Martin's Press, 1999).

MacInnes, Ian, "Mastiffs and Spaniels: Gender and Nation in the English Dog", *Textual Practice* 17 (2003), 21−40.

Malamud, Randy, *Reading Zoos: Representations of Animals and Captivity* (New York: New York University Press, 1998).

Manning, Roger B., *Village Revolts: Social Protest and Popular Disturbances in England, 1509−1640* (Oxford: Clarendon Press, 1988).

Manning, Roger B., "Poaching as a Symbolic Substitute for War in Tudor and Early Stuart England", *Journal of Medieval and Renaissance Studies* 22 (1992), 185−210.

Marceau, Jo, Louise Candlish, Fergus Day and David Williams, eds, *Art: A World History* (New York: DK Publishing, 1997).

Martin, Richard, Act to Prevent the Cruel and Improper Treatment of Cattle, in *United Kingdom Parliament Legislation*, (Leeds, 1822).

Marvin, Garry, *Bullfight* (Urbana: University of Illinois Press, 1994).

Marvin, Garry, "Cultured Killers: Creating and Representing Foxhounds", *Society and Animals* 9, np (2001) (www.psyeta.org/sa/sa9.3/marvin.shtml, accessed 16 July 2004).

Mason, Peter, "The Excommunication of Caterpillars: Ethno-Anthropological Remarks on the Trial and Punishment of Animals", *Social Science Information* 27, 265−273 (1988).

Matz, David, *Daily Life of the Ancient Romans* (Westport: Greenwood Press, 2002).

McMullan, M. B., "The Day the Dogs Died in London", *London Journal* 23(1) (1998), 32−40.

Meens, Rob, "Eating Animals in the Early Middle Ages: Classifying the Animal World and Building Group Identities", in *The Animal/Human Boundary: Historical Perspectives*, eds Angela N. H. Creager and William Chester Jordan (Rochester, NY: University of Rochester Press, 2002), 3−28.

Mellinkoff, Ruth, "Riding Backwards: Theme of Humiliation and Symbol of Evil", *Viator* 4 (1973), 154−166.

Miller, Keith, "The West: Buffalo Hunting on the Great Plains: Promoting One Society While Supplanting Another", (2002) (http://hnn.us/articles/531.html, accessed 9 October 2005).

Mitchell, Stephen, *Gilgamesh* (New York: Free Press, 2004).

Mithen, Steven, "The Hunter-Gatherer Prehistory of Human−Animal Interactions", *Anthrozoos* 12 (1999), 195−204.

Mithen, Steven, *After the Ice: A Global Human History, 20,000−5000 BC* (Cambridge, MA: Harvard University Press, 2004).

Montaigne, Michel de, "An Apologie de Raymond Sebond", Chapter 12 from Montaigne's Essays: Book II, trans. John Florio (1580) (http://www.uoregon.edu/%7Erbear/montaigne/2xii.htm, accessed 5 July 2005).

Morris, Christine E., "In Pursuit of the White Tusked Boar: Aspects of Hunting in Mycenaean Society", in *Celebrations of Death and Divinity in the Bronze Age Argolid*, eds Robin Hagg and Gullog C. Nordquist (Stockholm: Paul Astroms Forlag, 1990), 151−156.

Mullan, Bob and Garry Marvin, *Zoo Culture* (London: Weidenfeld & Nicolson,1987).

Naphy, William G. and Penny Roberts, eds, *Fear in Early Modern Society* (Manchester: Manchester University Press, 1997).

Nicholl, Charles, *Leonardo Da Vinci: Flights of the Mind* (New York: Viking Penguin, 2004).

Perry, Ruth, "Radical Doubt and the Liberation of Women", *Eighteenth-Century Studies* 18 (1985), 472−493.

Phillips, Dorothy, *Ancient Egyptian Animals* (New York: Metropolitan Museum of Art Picture Books, 1948).

Pink, Sarah, *Women and Bullfighting: Gender, Sex and the Consumption of Tradition* (Oxford: Berg, 1997).

Pitt-Rivers, Julian, "The Spanish Bull-Fight and Kindred Activities", *Anthropology Today* 9 (1993), 11−15.

Plass, Paul, *The Game of Death in Ancient Rome* (Madison: University of Wisconsin Press, 1995).

Pliny, Elder, "The Natural History, Book IX. The Natural History of Fishes", eds John Bostock and H. T. Riley (http://www.perseus.tufts.edu/cgi-bin/ptext?doc=Perseus%3Atext%3A1999.02.0137&query=toc:head%3D%2341, accessed 14 November 2005).

Pliny, Elder, "The Natural History, Book VIII. The Nature of the Terrestrial Animals", eds John Bostock and H. T. Riley (http://www.perseus.tufts.edu/cgi-bin/ptext?doc=Perseus%3Atext%3A1999.02.0137&query=toc:head%3D%23333, accessed 14 November 2005).

Pliny, Elder, *Natural History: A Selection*, trans. John F. Healy (London: Penguin, 2004).

Ponting, Clive, *A Green History of the World* (Harmondsworth: Penguin, 1991).

Rabb, Theodore K., *The Struggle for Stability in Early Modern Europe* (New York: Oxford University Press, 1975).

Reese, Jennifer, "Festa", *Via* May (2003) (http://www.viamagazine.com/top_stories/articles/festa03.asp, accessed 10 October 2005).

Ritvo, Harriet, *The Animal Estate: The English and Other Creatures in the Victorian Age* (Cambridge, MA: Harvard University Press, 1987).

Robbins, Louise E., *Elephant Slaves and Pampered Parrots: Exotic Animals in Eighteenth-Century Paris* (Baltimore: Johns Hopkins University Press, 2002).

Rodale, J., ed. *The Synonym Finder* (Emmaus, PA: Rodale Press, 1978).

Rogers, Katharine M., *The Cat and the Human Imagination: Feline Images from Bast to Garfield* (Ann

Arbor: University of Michigan Press, 1998).

Roland, Alex, "Once More into the Stirrups: Lynn White Jr., *Medieval Technology and Social Change*", *Technology and Culture* 44 (2003), 574−585.

Roosevelt, Theodore, "Wild Man and Wild Beast in Africa", *National Geographic Magazine* XXII (1911), 1−33.

Rothfels, Nigel, *Savages and Beasts: The Birth of the Modern Zoo* (Baltimore: Johns Hopkins University Press, 2002).

Ryder, Richard D., *Animal Revolution: Changing Attitudes Towards Speciesism* (Oxford: Berg, 2000). (Originally published in 1989).

Salisbury, Joyce E., *The Beast Within* (New York & London: Routledge, 1994).

Salt, Henry S., *Animals' Rights* (New York & London, 1892).

Schneider, Norbert, *Still Life: Still Life Painting in the Early Modern Period* (Köln: Taschen, 1999).

Schwabe, Calvin W., "Animals in the Ancient World", in *Animals and Human Society: Changing Perspectives*, eds Aubrey Manning and James Serpell (London: Routledge, 1994), 36−58.

Scott-Warren, Jason, "When Theaters Were Bear-Gardens; or, What's at Stake in the Comedy of Humors", *Shakespeare Quarterly* 54 (2003), 63−82.

Scullard, H. H., *The Elephant in the Greek and Roman World* (Ithaca: Cornell UniversityPress, 1974).

Secord, William, *Dog Painting, 1840−1940: A Social History of the Dog in Art* (Suffolk: Antique Collectors' Club, 1992).

Senior, Matthew, "The Menagerie and the Labyrinthe: Animals at Versailles, 1662−1792", in *Renaissance Beasts: Of Animals, Humans, and Other Wonderful Creatures*, ed. Erica Fudge (Urbana: University of Illinois Press, 2004), 208−232.

Shelton, Jo-Ann, "Dancing and Dying: The Display of Elephants in Ancient Roman Arenas", in *Daimonopylai: Essays in Classics and the Classical Tradition Presented to Edmund G. Berry*, eds Rory B. Egan and Mark Joyal (Winnipeg:University of Manitoba, 2004), 363−382.

Sinclair, Anthony, "Archaeology: Art of the Ancients", *Nature* 426 (2003), 774−775.

Southgate, M. Therese, "Two Cows and a Young Bull Beside a Fence in a Meadow", *Journal of the American Medical Association* 284 (2000), 279.

Spierenberg, Pieter, *The Spectacle of Suffering: Executions and the Evolution of Repression from a Preindustrial Metropolis to the European Experience* (Cambridge: Cambridge University Press, 1984).

Spivey, Nigel, *Etruscan Art* (London: Thames and Hudson, 1997).

Stokes, James, "Bull and Bear Baiting in Somerset: The Gentles' Sport", in *English Parish Drama*, eds Alexandra F. Johnston and Wim Husken (Amsterdam: Rodopi, 1996), 65−80.

Strutt, Joseph, *The Sports and Pastimes of the People of England*, ed. J. C. Cox (London and New York:

Augustus M. Kelley, 1970). (Originally published in 1801).

Suetonius, "Domitianus XIX", trans. J. C. Rolfe (http://www.fordham.edu/halsall/ancient/suet-domitian-rolfe.html).

Sullivan, Scott A., *The Dutch Gamepiece* (Totowa, NJ: Rowman & Allanheld Publishers,1984).

Thiébaux, Marcelle, "The Mediaeval Chase", *Speculum* 42 (1967), 260−274.

Thiébaux, Marcelle, *The Stag of Love: The Chase in Medieval Literature* (Ithaca: Cornell University Press, 1974).

Thomas, Keith, *Man and the Natural World: A History of the Modern Sensibility* (New York: Pantheon, 1983).

Thompson, E. P., *Customs in Common* (London: Merlin Press, 1991).

Toynbee, J. M. C., *Animals in Roman Life and Art* (London: Camelot Press, 1973).

Tuan, Yi-Fu, *Dominance and Affection: The Making of Pets* (New Haven: Yale University Press, 1984).

Twigg, Graham, *The Black Death: A Biological Reappraisal* (London: Batsford, 1984).

Underdown, David, *Revel, Riot, and Rebellion: Popular Politics and Culture in England 1603−1660* (Oxford: Clarendon Press, 1985).

Valladas, Helene and Jean Clottes, "Style, Chauvet and Radiocarbon", *Antiquity* 77 (2003), 142−145.

Veltre, Thomas, "Menageries, Metaphors, and Meanings", in *New Worlds, New Animals: From Menagerie to Zoological Park in the Nineteenth Century*, eds R. J. Hoage and William A. Deiss (Baltimore: Johns Hopkins University Press,1996), 19−29.

Veyne, Paul, *Bread and Circuses: Historical Sociology and Political Pluralism*, trans. Brian Pearce (London: Penguin Press, 1990).

Voltaire, "Beasts", in *The Philosophical Dictionary, for the Pocket*, (Catskill: T & M Croswel, J. Fellows & E. Duyckinck, 1796), 29. (Originally published in1764.)

Walker, Garthine, *Crime, Gender and Social Order in Early Modern England* (Cambridge: Cambridge University Press, 2003).

Ward, Nathaniel, "'Off the Bruite Creature', Liberty 92 and 93 of the Body of Liberties of 1641", in *A Bibliographical Sketch of the Laws of the Massachusetts Colony from 1630 to 1686*, ed. William H. Whitmore (Boston, 1890). (Originally published in 1856).

Welté, Anne-Catherine, "An Approach to the Theme of Confronted Animals in French Palaeolithic Art", in *Animals into Art*, ed. Howard Morphy, (London: Unwin Hyman, 1989).

Wentworth, Thomas, "Act against Plowing by the Tayle, and Pulling the Wooll Off Living Sheep, 1635", in *The Statutes at Large, Passed in the Parliaments Held in Ireland* (Dublin: George Grierson, 1786), ix.

White, Lynn, Jr., *Medieval Technology and Social Change* (London: Oxford University Press, 1962).

White, Lynn, Jr., *Medieval Religion and Technology: Collected Essays* (Berkeley: University of California

Press, 1978).

White, Randall, *Prehistoric Art: The Symbolic Journey of Humankind* (New York: Harry N. Abrams, 2003).

Wiedemann, Thomas, *Emperors and Gladiators* (London: Routledge, 1992).

Wilson, Anna, "Sexing the Hyena: Intraspecies Readings of the Female Phallus", *Signs* 28 (2003), 755−790.

Wilson, Derek, *The Tower of London: A Thousand Years* (London: Allison & Busby, 1998).

Wolloch, Nathaniel, "Dead Animals and the Beast-Machine: Seventeenth-Century Netherlandish Paintings of Dead Animals, as Anti-Cartesian Statements", *Art History* 22 (1999), 705−727.

·图片版权

1. Giraudon/Art Resource, NY, ART80361.

2. Art Resource, NY/ART99863.

3. American Library Color Slide Company, 26989.

4. American Library Color Slide Company, 45195.

5. American Library Color Slide Company, 15415.

6. American Library Color Slide Company, 62901.

7. American Library Color Slide Company, 4531.

8. American Library Color Slide Company, 21498.

9. Erich Lessing/Art Resource, NY, ART178776.

10. Art Resource 10742.

11. American Library Color Slide Company, 63978.

12. Photo Linda Kalof.

13. American Library Color Slide Company, 27237.

14. Giraudon/Art Resource, NY, ART21265.

15. © Walters Art Museum, Baltimore, Maryland. Bridgeman Art Library, 204675.

16. Scala/Art Resource, NY, ART42513.

17. British Library 21611.

18. Lauros/Giraudon. Bridgeman Art Library, XIR173605.

19. Scala/Art Resource, NY, ART39051.

20. Victoria and Albert Museum, London/Art Resource, NY, ART19866.

21. The J. Paul Getty Museum, Los Angeles.

22. British Library c2169-06.

23. British Library 20679.

24. British Library 10099.

25. Victoria and Albert Museum, London/Art Resource, NY, ART181085.

26. Bridgeman Art Library, XTD 068707.

27. British Library 18926.

28. MS 146. Giraudon/Art Resource, NY, ART60368.

29. British Library 12067.

30. Giraudon. Bridgeman Art Library, 154680.

31. British Library 001084.

32. British Library 001614.

33. Private collection; Bridgeman Art Library, 168591.

34. American Library Color Slide Company, 1726.

35. Bridgeman Art Library, 166366.

36. Bridgeman Art Library, 58236.

37. Lauros/Giraudon. Bridgeman Art Library, 93879.

38. American Library Color Slide Company, 1938.

39. The J. Paul Getty Museum, Los Angeles.

40. Giraudon. Bridgeman Art Library, 47570.

41. Bridgeman Art Library, 34886.

42. Bridgeman Art Library, 23447.

43. Bridgeman Art Library, 62702.

44. Bridgeman Art Library, 167058.

45. Bridgeman Art Library, 35764.

46. Bridgeman Art Library, TWC62205.

47. © Cleveland Museum of Art, John L. Severance Fund, 1969.53.

48. Bridgeman Art Library, 30247.

49. The J. Paul Getty Museum, Los Angeles (001463).

50. Published by Phillipus Gallaeus of Amsterdam. Bridgeman Art Library, 161106 71.

51. Alinari. Bridgeman Art Library, 227102 74.

52. American Library Color Slide Company, 25199.

53. Trustees of the Weston Park Foundation, UK. Bridgeman Art Library, WES67099.

54. Trustees of the Weston Park Foundation, UK. Bridgeman Art Library, WES67100.

55. Trustees of the Weston Park Foundation, UK. Bridgeman Art Library, WES67101.

56. Trustees of the Weston Park Foundation, UK. Bridgeman Art Library, WES67102.

57. Bridgeman Art Library, BOU203009.

58. Courtesy of the Warden and Scholars of New College, Oxford, Oxford. Bridgeman Art Library, NCO193178.

59. British Library 21552.

60. Photo Linda Kalof.

61. Denver Public Library, Western History Collection, photographer unknown (Z1567).

62. Bureau of Biological Survey. Denver Public Library, Western History Collection, photographer unknown (Z1566).

63. The J. Paul Getty Museum, Los Angeles (001041).

64. Photo copyright by Britta Jaschinski, reproduced with permission of the artist.

·索 引

（其中页码为本书英文原书页码，参见本书边码）

图书在版编目（CIP）数据

人类历史上的动物映像 /（美）琳达·卡洛夫著；王安梦译. —北京：商务印书馆，2024
ISBN 978－7－100－22661－5

Ⅰ.①人…　Ⅱ.①琳…②王…　Ⅲ.①人—关系—动物—普及读物　Ⅳ.①Q958.12-49

中国国家版本馆 CIP 数据核字（2023）第121736号

权利保留，侵权必究。

人 类 历 史 上 的 动 物 映 像

〔美〕琳达·卡洛夫　著

王安梦　译

商 务 印 书 馆 出 版
（北京王府井大街36号　邮政编码 100710）
商 务 印 书 馆 发 行
山西人民印刷有限责任公司印刷
ISBN　978－7－100－22661－5

2025年1月第1版	开本 787×1092　1/16
2025年1月第1次印刷	印张 15¼　插页 8

定价：85.00元